WERKSTATTBÜCHER

Verzeichnis der zur Zeit greifbaren und der in Kürze erscheinenden Hefte, nach Fachgebieten geordnet

Das Gesamtverzeichnis mit Inhaltsangabe jedes einzelnen Heftes ist erhältlich in den Fachbuchhandlungen und unmittelbar beim

Springer-Verlag, 1 Berlin 31 (Wilmersdorf), Heidelberger Platz 3

Preis jedes Heftes DM 4,50 (die mit * bezeichneten DM 6,—)

Bei gleichzeitigem Bezug von 10 beliebigen Heften ermäßigt sich der Heftpreis um 20%

(Fortsetzung 3. Umschlagseite)

WERKSTATTBÜCHER
FÜR BETRIEBSFACHLEUTE, KONSTRUKTEURE UND STUDIERENDE
HERAUSGEBER DR.-ING. H. HAAKE, HAMBURG
HEFT 55

Stufengetriebe an Werkzeugmaschinen

Von

Dr.-Ing. Hans Rögnitz VDI

Berlin

Vierte neubearbeitete Auflage

(18. bis 23. Tausend)

Mit 113 Abbildungen

Springer-Verlag
Berlin / Heidelberg / New York
1965

Inhaltsverzeichnis

Titel-Nr.: 7037
ISBN 978-3-540-03428-5
ISBN 978-3-642-88320-0 (eBook)
DOI 10.1007/978-3-642-88320-0

I. Begriffe

1. Die Arbeitsbewegungen der Werkzeugmaschinen sollen das Werkzeug und das Werkstück in die Arbeitsstellungen bringen und das Spanen oder Verformen ermöglichen. Man unterscheidet die

a) *Hauptbewegung*, die das Spanen oder Verformen bewirkt. Die Hauptbewegung ist entweder kreisend, z. B. an Drehmaschinen, Bohrmaschinen, Walzen, oder geradlinig, bei Hobel-, Stoß-, Räummaschinen, Stanzen, Pressen usw.

b) *Vorschub-* oder *Schaltbewegung*, die das Werkzeug oder Werkstück während des Bearbeitens zustellt. Bei kreisender Hauptbewegung arbeitet die Vorschubbewegung meist stetig, wie beim Drehen, Bohren, Fräsen, bei geradliniger Hauptbewegung dagegen ruckweise, wie beim Hobeln, Stanzen, Stoßen.

c) *Einstellbewegungen*, um das Werkstück oder Werkzeug in die Arbeitslage zu bringen, wie Spananstellen beim Drehen.

Im vorliegenden Band werden nur die Getriebe für kreisende Bewegungen behandelt. Getriebe für geradlinige Bewegungen siehe Werkstattbuch Heft 101.

2. Kreisende Bewegungen werden durch den Drehsinn und die Drehzahl n gekennzeichnet. Die Drehung im Sinne des Uhrzeigers wird als rechtsläufig, positiv (mit $+$) bezeichnet, die entgegengesetzte als linksdrehend, negativ (mit $-$). Um zu bestimmen, ob eine Drehung rechts- oder linksläufig gerichtet ist, sieht man bei Hauptbewegungen auf das Abtriebende der Spindel; die Drehmaschinenspindel ist demnach linksläufig, ebenso die Bohrmaschinenspindel.

Ist d_1 der Durchmesser einer Scheibe 1, die sich mit n_1 Umdrehungen dreht, so wird die Umfangsgeschwindigkeit v_1 dieser Scheibe

$$v_1 = d_1 \cdot \pi \cdot n_1 \tag{1}$$

oder, wenn d_1 in mm und n_1 in Umdr./min eingesetzt werden,

$$v_1 = \frac{d_1 \pi n_1}{1000} \text{ m/min} \quad \text{oder} \quad v_1 = \frac{d_1 \pi n_1}{1000 \cdot 60} \text{ m/s} . \tag{1 a}$$

Werden nun zwei Scheiben 1 und 2 (Bild 1) mit den Durchmessern d_1 und d_2 aneinandergepreßt, wobei die Drehbewegung der treibenden Scheibe 1 ohne Verlust auf die Scheibe 2 übertragen werde, so müssen an der Berührungsstelle die Umfangsgeschwindigkeiten gleich groß sein, also $v_1 = v_2 = d_1 \pi n_1 = d_2 \pi n_2$; $d_1 n_1 = d_2 n_2$. Daraus ergibt sich nach DIN 868 die Übersetzung

$$i = n_1/n_2 = d_2/d_1 , \tag{2}$$

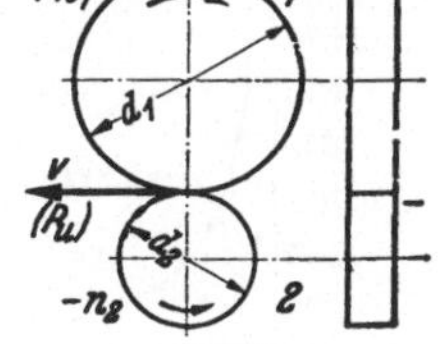

Bild 1.
Scheibe *1* treibt Scheibe *2*

d. h. i ist das Verhältnis der treibenden zur getriebenen Drehzahl, also das Verhältnis der Umdrehungen in Richtung der Kraftübertragung, zugleich aber das Verhältnis des getriebenen zum treibenden Durchmesser. Statt des Durchmessers setzt man bei Zahnradübersetzungen meist die Zähnezahlen z ein und erhält $i = z_2/z_1$; oder, wenn die Zähnezahlen, wie bei Berechnungen von Wechselrädern meist üblich[1], in Richtung der Kraftübertragung genannt werden, wird

$$V = 1/i = z_1/z_2 = d_1/d_2 \tag{3}$$

---

[1] Vgl. Werkstattbücher Heft 4 „Wechselräderberechnung", Heft 6 „Teilkopfarbeiten", Heft 63 „Der Dreher als Rechner".

Anmerkung: Die früheren Auflagen dieses Werkstattbuches sind 1936, 1944 und 1953 erschienen.

1*

Diesen Wert, den Kehrwert der Übersetzung i, bezeichnet man als „Räderverhältnis", „Zähneverhältnis" oder bei Reibtrieben und Riementrieben als „Durchmesser-" oder „Scheibenverhältnis".

Schließlich wird die Zeit für eine Umdrehung

$$T = 1/n \tag{4}$$

oder mit den Einheiten

$$T = \frac{1}{n} \text{ in min oder } \frac{60}{n} \text{ in s} . \tag{4 a}$$

1. Beispiel. Eine Scheibe mit $d = 400$ mm macht $n = 300$ Umdr./min. Wie groß ist die Umfangsgeschwindigkeit und die Umlaufzeit?

Lösung. Nach (1) wird $v = 400\,\pi\,300/(1000 \cdot 60) = 6{,}28$ m/s; nach (4) $T = 60/300 = 0{,}2$ s.

3. Leistung und Drehmoment. In die Werkzeugmaschinen wird eine Leistung N_1 eingeleitet, die in kW oder PS gemessen wird. Ist N_1 die Leistung im Antrieb, N_2 die Leistung im Abtrieb, so wird

$$N_2 = \eta\,N_1 . \tag{5}$$

η ist der *Wirkungsgrad* des Getriebes, eine Zahl kleiner als 1, da ein Teil der zugeführten Leistung durch Reibung im Getriebe verloren geht. Leistung N ist Kraft P mal Geschwindigkeit v, also

$$N = P\,v \tag{6}$$

oder mit den Einheiten P in kp, n in Umdr./min, v in m/s und d in mm

$$N = \frac{P\,v}{102} = \frac{P\,d\,\pi\,n}{1000 \cdot 60 \cdot 102} \text{ in kW oder } N = \frac{P\,v}{75} = \frac{P\,d\,\pi\,n}{1000 \cdot 60 \cdot 75} \text{ in PS} . \tag{6 a}$$

Beim Übergang von einem Rade zum anderen bleibt die Leistung konstant, sofern man vom Wirkungsgrad absieht. Demnach wird also auch, wenn statt d nun $2\,r$ gesetzt wird, $P\,2\,r_1\,\pi\,n_1 = P\,2\,r_2\,\pi\,n_2$. $P\,r$ ist das *Moment* M (Kraft mal Hebelarm). Setzt man diesen Wert ein, so erhält man ohne Berücksichtigung der Verluste: $M_1\,n_1 = M_2\,n_2$. Folglich

$$i = \frac{M_2}{M_1} = \frac{n_1}{n_2} . \tag{7}$$

Die Übersetzung i ist also auch das Verhältnis des getriebenen zum treibenden Moment. Das Moment hat im folgenden stets die Einheit kpcm. Aus einer gegebenen Leistung N errechnet sich das Moment $M = Pd/2$ nach (6a) zu:

$$M = N/n \tag{8}$$

oder mit den oben gewählten Einheiten N in kW und n in Umdr./min:

$$M = 97\,400 \; N/n \text{ in kpcm} \tag{8 a}$$

oder wenn N in PS

$$M = 71\,620 \; N/n \text{ in kpcm} \tag{8 b}$$

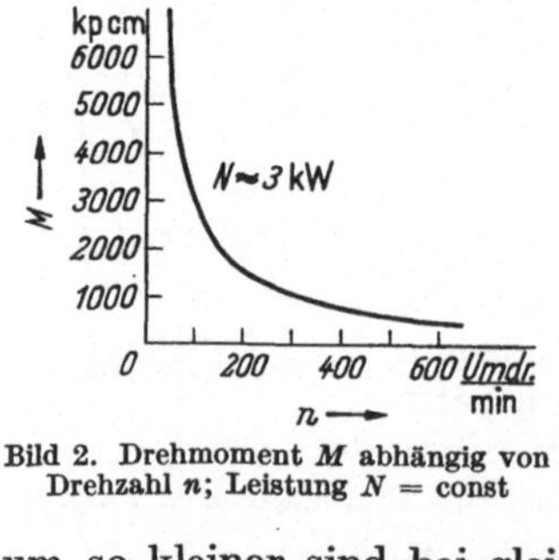

Bild 2 zeigt die gegenseitige Abhängigkeit von Moment und Drehzahl. Je höher die Drehzahlen liegen, um so kleiner sind bei gleicher Leistung die zu übertragenden Momente, um so kleiner und leichter werden also auch die Abmessungen der Getriebe.

Bild 2. Drehmoment M abhängig von Drehzahl n; Leistung $N = $ const

II. Drehzahlstufen an Werkzeugmaschinen

4. Drehzahlbereiche bei Hauptantrieben. Bei den spanenden Werkzeugmaschinen mit kreisender Hauptbewegung dreht sich entweder das Werkstück, wie an der Drehmaschine, oder das Werkzeug, wie bei der Fräsmaschine. Nach (1) ist die Drehzahl $n = v/d\,\pi$[1]. Die Schnittgeschwindigkeit v wie der Durchmesser d sind sehr verschieden, deshalb muß der Antrieb so ausgebildet werden, daß man die Drehzahl innerhalb bestimmter Grenzen einstellen kann, um die Werkzeugmaschine wirtschaftlich auszunutzen. Die Grenzen kann man festlegen, indem man eine größte Schnittgeschwindigkeit v_g und eine kleinste v_k wählt, während die Durchmesser d durch die Abmessungen der Maschine bestimmt werden. Dann wird $n_g = v_g/d_k\,\pi$ und $n_k = v_k/d_g\,\pi$. Man bezeichnet das Verhältnis dieser Grenzdrehzahlen als Drehzahlbereich B, also

$$\boxed{B = n_g/n_k\,.} \tag{9}$$

Innerhalb dieses Bereiches müßten möglichst viele, vielleicht sogar alle Drehzahlen einstellbar sein.

5. Begrenzung des Drehzahlbereiches. Nimmt man als Beispiel eine Drehmaschine an und wählt die möglichen Grenzwerte für die wirtschaftliche Schnittgeschwindigkeit, die sich einerseits aus Drehen von Grauguß mit Werkzeugstahl und andererseits aus Schlichten von Leichtmetall mit Hartmetall ergeben, so verhält sich hier v_k zu v_g schon wie etwa $1:300$. Außerdem ist der Drehdurchmesser wohl nach oben durch die Spitzenhöhe, nicht aber nach unten begrenzt. Damit ergäben sich für die Drehzahlen Grenzwerte, die man bei wirtschaftlich zulässigem Aufwand nicht verwirklichen kann. Für den Durchmesser gilt in der Praxis z. B. bei Drehmaschinen, daß der kleinste wirtschaftlich zu bearbeitende Durchmesser etwa $^1/_{10}$ des größten Durchmessers beträgt. Auch bei den Schnittgeschwindigkeiten verzichtet man darauf, auf jeder Drehmaschine *alle* Grenzwerte einstellen zu können, und baut für solche Fälle Sondermaschinen, wie z. B. für Leichtmetallbearbeitung usf. Oder man ordnet vor dem eigentlichen Wechselgetriebe besondere Räder an, die sich leicht umstecken lassen, wodurch man dann den Drehzahlbereich des Getriebes höher oder tiefer legen kann, ohne ihn zu vergrößern (siehe 27. Beispiel, Bild 105).

2. Beispiel. Eine Drehmaschine hat eine Spitzenhöhe von 200 mm, eine kleinste Spindeldrehzahl $n_1 = 13,5$ und eine größte $n_g = 630$ Umdr./min. a) Mit welcher kleinsten Schnittgeschwindigkeit kann man den größten Drehdurchmesser von 400 mm bearbeiten? b) Mit welchem kleinsten Durchmesser kann man eine Stahlwelle bei $v = 45$ m/min schlichten? c) Wie groß ist der Drehzahlbereich der Drehmaschinen?
Lösung. Für a) folgt aus (1) $v = 400\,\pi\,13,5/1000 = 17$ m/min. Für b) wird $d = 1000 \times 45/(\pi\,630) \approx 23$ mm. c) Der Drehzahlbereich der Maschine wäre $B = 630:13,5 = 46,5$, dies entspricht etwa den bei Drehmaschinen üblichen Werten. Es wäre also unwirtschaftlich, auf dieser Maschine z. B. Leichtmetallwellen mit 25 $\varnothing$ zu schlichten, da dann für die Schnittgeschwindigkeit von etwa 200 m/min keine genügend hohe Drehzahl vorhanden ist.

6. Drehzahlreihen. Wenn innerhalb des festgelegten Bereiches jede Drehzahl einstellbar sein soll, dann müßte das Hauptgetriebe aus der Antriebzahl der Maschine eine stufenlose Reihe von Spindeldrehzahlen erzeugen. Diese Aufgabe erfüllen die „stufenlosen Getriebe". Die Mehrzahl aller Werkzeugmaschinen wird jedoch mit „Stufengetrieben" ausgerüstet, bei denen nur eine Reihe von Drehzahlen erzeugt wird. Die Gründe hierfür sind: Geringerer Preis, größerer Bereich, bei entsprechenden Einrichtungen auch schnelleres Schalten. Und vor allem: Die Schnittgeschwindigkeit, die mit der *genau* eingestellten Drehzahl getroffen werden soll, hängt von den verschiedensten Einflüssen ab, so daß es kaum möglich ist, hier einen genauen

---

[1] Aus Platzgründen wird der *schräge Bruchstrich* verwendet. Seine Wirkung reicht bis zum nachfolgenden mathem. Zeichen $(+, -, \cdot, \times)$. Z. B. ist oben $v/d\pi = \dfrac{v}{d\,\pi}$, dagegen würde $v/d\cdot\pi = \dfrac{v}{d}\cdot\pi$ sein; man müßte also $v/(d\cdot\pi)$, d. h. den Nenner in Klammer setzen. (Vgl. DIN 1338).

Bestwert anzugeben. Um aber einen *Richtwert* einzuhalten, genügt für den praktischen Betrieb eine gestufte Drehzahlreihe, vorausgesetzt, daß der Abstand der Drehzahlen voneinander nicht zu groß ist.

Den Abstand der Drehzahlen bezeichnet man als *Stufung*. Er steht im engen Zusammenhang mit der Stufenzahl. Sind der Drehzahlbereich und damit die kleinste Drehzahl n_k und die größte n_g gegeben, so wird die Stufung um so feiner, je mehr Zwischendrehzahlen eingefügt werden. Eine größere Anzahl von Zwischendrehzahlen erfordert aber größere und teurere Getriebe. Andererseits darf aber auch die Stufung nicht zu grob werden. Wird nämlich bei einer Drehzahl n, also mit einer Schnittgeschwindigkeit v gearbeitet, und geht man auf die nächstniedrigere Drehzahl über, wobei sonst die Verhältnisse unverändert bleiben sollen, so beträgt die Schnittgeschwindigkeit nur noch v_1. Der Abfall der Schnittgeschwindigkeit A ist dann $v-v_1$ oder als Verhältnis ausgedrückt

$$A = (v-v_1)/v \text{ bzw. } 100\,(v-v_1)/v \text{ in } \% \,. \tag{10}$$

Um die Maschinen und Werkzeuge gut auszunutzen, muß der prozentuale *Schnittgeschwindigkeitsabfall* klein und über den ganzen Drehzahlbereich gleich sein.

7. Ausführung der Stufung. Bei den *Hauptgetrieben* werden die Drehzahlen nach einer geometrischen Reihe gestuft. Die *geometrische* Reihe wird nach dem Gesetz gebildet: n_1; $n_2 = n_1\,\varphi$; $n_3 = n_2\,\varphi = n_1\,\varphi^2$; $n_4 = n_3\,\varphi = n_1\,\varphi^3$ oder allgemein:

$$n_g = n_{g-1}\,\varphi = n_1\,\varphi^{g-1}\,, \tag{11}$$

wenn g die Gliedzahl darstellt. Man bezeichnet φ als den *Stufensprung* oder Quotienten der Reihe, der sich nach der Gleichung 11 errechnet zu

$$\varphi = \sqrt[g-1]{\frac{n_g}{n_1}}\,. \tag{12}$$

Nach Gleichung 9 war der Drehzahlbereich $B = n_g/n_k$. Da bei der geometrisch gestuften Reihe $n_g = n_1\,\varphi^{g-1}$ und $n_k = n_1$ ist, wird hier

$$B = n_1\,\varphi^{g-1}/n_1 = \varphi^{g-1}\,. \tag{13}$$

Die geometrische Reihe entsteht also durch Multiplikation eines Gliedes mit einem Stufensprung; Beispiel: $g = 5$, $n_1 = 20$; $\varphi = 2$. Es wird: $n_1 = 20$; $n_2 = 20 \cdot 2 = 40$; $n_3 = 20 \cdot 2^2$ oder $40 \cdot 2 = 80 \ldots n_g = 20 \cdot 2^4 = 320$. Statt das Produkt aus der Drehzahl und dem Stufensprung zu bilden, kann man auch ihre Logarithmen addieren und man erhält: $\lg n_2 = \lg n_1 + \lg \varphi$; $\lg n_3 = \lg n_2 + \lg \varphi = \lg n_1 + 2 \lg \varphi \ldots$ Trägt man die Drehzahlen einer geometrischen Reihe auf einer mit einer logarithmischen Teilung versehenen Leiter ab, so haben daher die Drehzahlen die gleichen Abstände (Bild 3).

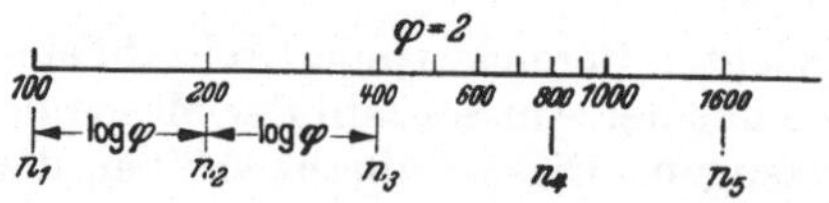

Bild 3. Logarithmische Leiter mit geometrischer Reihe; Stufensprung $\varphi = 2$

Zwei Vorteile der geometrischen Reihe führten zu ihrer fast ausschließlichen Verwendung:

a) Die Drehzahlen lassen sich beim Aufbau der Getriebe durch Vervielfachung erzeugen. Sollen z. B. die mit $\varphi = 2$ gestuften Drehzahlen $100-200-400-800$ erreicht werden, so kann man aus 800 und 400 durch eine Übersetzung 4 die Drehzahlen 200 und 100 erhalten oder auch aus 800 und 200 mit einer Übersetzung 2 die Drehzahlen 400 und 100.

b) Die geometrisch gestuften Drehzahlen erzeugen gleichen prozentualen Schnittgeschwindigkeitsabfall beim Übergang von Drehzahl zu Drehzahl.

Den Zusammenhang zwischen Schnittgeschwindigkeit v, Durchmesser d und Drehzahl n zeigen die Schaubilder 4, 5, 6, 7. Hier ist auf der Waagerechten der Werkstückdurchmesser d in mm und auf der Senkrechten die Schnittgeschwindigkeit v in m/min aufgetragen.

Aus (1) ergibt sich $d = 1000\,v/\pi\,n$. Zum Eintragen der Drehzahlen vereinfacht man die Rechenarbeit dadurch, daß man für v ein Vielfaches von π wählt, z. B. $v = 10\,\pi$; dann wird die Gleichung $d = 1000 \cdot 10\,\pi/\pi\,n = 10\,000/n$. Man erhält nun die Lage der n-Geraden, indem man nacheinander in diese Gleichung die Werte für n einsetzt und den zu $v = 10\,\pi = 31{,}4$ zugehörigen Wert für d berechnet.

In den Bildern 4 bis 7 sind zwei Drehzahlreihen gegenübergestellt, um die Vorteile der geometrischen Reihe anschaulich zu zeigen: In Bild 4 und 5 eine arithmetische, in Bild 6 und 7 eine geometrische Reihe und zwar in Bild 4 und 6 mit Gleichschritt-Teilung, in Bild 5 und 7 mit logarithmischer Teilung.

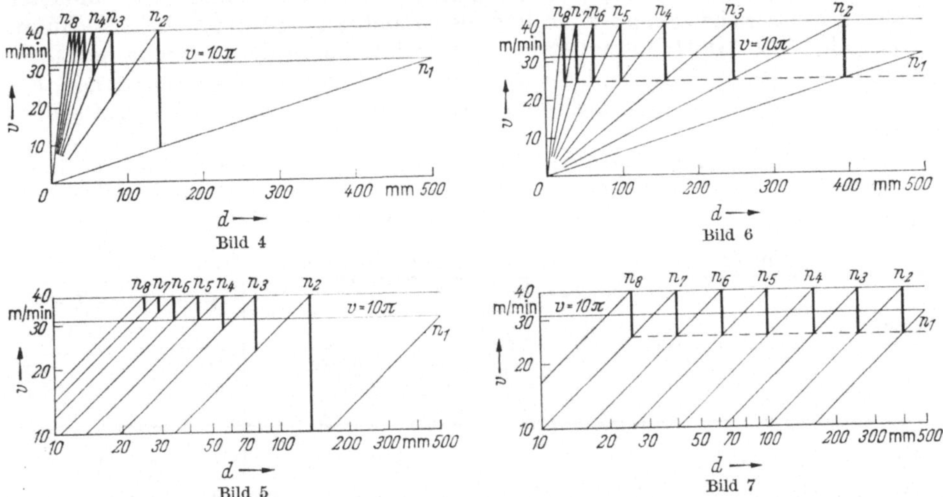

Bilder 4—7. Arithmetisch und geometrisch gestufte Drehzahlen, dargestellt in Schaubildern für die Gleichung $v = d\,\pi\,n$

Bilder 4 und 5 arithmetische Stufung, Bilder 6 und 7 geometrische Stufung der Drehzahlen. Bilder 4 und 6 Darstellung in Schaubildern mit Gleichschritteilung, Bilder 5 und 7 mit logarithmischer Teilung

Zieht man nun von dem Schnittpunkt der n-Geraden mit einer Waagerechten z. B. $v = 40$ immer die Senkrechten bis zur nächsten n-Geraden, so erhält man den Schnittgeschwindigkeitsabfall, der also entstände, wenn man bei dem gleichen Werkstückdurchmesser von einer Drehzahl auf die nächst niedrigere überginge. Bei der arithmetischen Reihe ist dieser Abfall sehr verschieden — bei den höheren Drehzahlen klein und bei den niedrigeren groß —, bei der geometrischen Reihe dagegen ist er immer gleich groß. Da hier $v = \varphi\,v_1$ ist, so wird der Abfall A nach Gl. 10 auch $(v-v_1)/v = (\varphi\,v_1-v_1)/(\varphi\,v_1) = (\varphi-1)/\varphi$; er ist also nur abhängig von dem Stufensprung φ. Verbindet man die Fußpunkte der Senkrechten, so liegen sie alle auf einer waagerechten Geraden (Nachprüfung!).

3. Beispiel. Die kleinste Drehzahl einer 8stufigen Reihe sei $n_k = n_1 = 20$, die größte $n_g = n_8 = 510\ m/min$. Die Reihe soll arithmetisch und geometrisch aufgeteilt und in Schaubildern dargestellt werden.

Lösung. Bei der *arithmetischen* Reihe erhält man die Drehzahlen nach dem Gesetz: n_1; $n_2 = n_1 + a$; $n_3 = n_2 + a = n_1 + 2\,a \ldots n_g = n_{g-1} + a = n_1 + (g-1)\,a$, wenn g die Gangzahl oder die Zahl der Glieder bedeutet. Der Stufensprung a errechnet sich aus der Gleichung für n_g zu $a = (n_g - n_1)/(g-1)$. Hier wird demnach $a = (510-20)/7 = 70$ und $n_1 = 20$; $n_2 = 90$; $n_3 = 160$; $n_4 = 230$; $n_5 = 300$; $n_6 = 370$; $n_7 = 440$; $n_8 = 510$. Bei $d = 10\,000/n$ wird nun $d_1 = 10\,000/20 = 500$; $d_2 = 10\,000/90 = 111$; $d_3 = 62{,}5$; $d_4 = 43{,}5$; $d_5 = 33{,}3$; $d_6 = 27$; $d_7 = 22{,}7$; $d_8 = 19{,}6$. Durch die Punkte $d_1 = 500$ und $v = 31{,}4$ geht die Gerade für n_1, durch $d_2 = 111$ und $v = 31{,}4$ die Gerade für n_2 usf. (Bild 4).

Bei der *geometrischen* Reihe wird nach (12) $\varphi = \sqrt[7]{510/20} = 1{,}588$. Demnach: $n_1 = 20$; $n_2 = 31{,}78$; $n_3 = 50{,}4$; $n_4 = 80{,}1$; $n_5 = 127$; $n_6 = 202{,}6$; $n_7 = 321$; $n_8 = 510$. Ferner wird: $d_1 = 500$; $d_2 = 315$; $d_3 = 198{,}5$; $d_4 = 125$; $d_5 = 78{,}8$; $d_6 = 49{,}5$; $d_7 = 31{,}1$; $d_8 = 19{,}6$.

Für Bild 6 werden dann die Drehzahllinien in gleicher Weise wie in Bild 4 gefunden[1]. In den Schaubildern mit log. Teilung verlaufen die Drehzahlgeraden parallel und zwar unter einem Winkel von 45° zur Waagerechten, wenn für v und d gleiche Maßstäbe gewählt werden.

8. Drehzahlnormen. Die Drehzahlen und Stufensprünge der Werkzeugmaschinen sind in DIN 804 genormt (Tabelle 1). Die Normdrehzahlen nach DIN 804 sind Vollastdrehzahlen und gerundete Werte nach den Grundreihen (DIN 323). Gegenüber den Genauwerten nach DIN 323 können die Istdrehzahlen eine Toleranz haben. Weiterhin sind auch die Leerlaufdrehzahlen der Elektromotoren mit 250, 300, 375, 500, 600, 750, 1000, 1500, 2000, 3000 festgelegt. Sind Asynchronmotoren unmittelbar mit dem Getriebe gekuppelt, so sind als Lastdrehzahlen für die Berechnung einzusetzen: 355, 710, 1410 und 2820 Umdr./min. Durch die Normung der Drehzahlen und Stufensprünge wird für die Herstellung der Werkzeugmaschinen, den Betrieb, die Arbeitsvorbereitung wie die Stückzeitbestimmung eine Vereinfachung erreicht.

Bei der Reihe R 20/2 ist jedes zweite, bei der Reihe R 20/4 jedes vierte Glied der Grundreihe gewählt, bei den Reihen R 20/3 und R 20/6 jedes dritte bzw. jedes sechste Glied. Ihre Stufensprünge sind $\varphi = 1,4 \approx \sqrt{2}$ und $\varphi = 2$. Da aber $1,25 \approx \sqrt[3]{2}$ ist, so ist damit ein

Tabelle 1. *Lastdrehzahlen für Werkzeugmaschinen nach DIN 804*.*

Nennwerte Umdr./min (Spalten 1–6) — Grenzwerte Umdr./min[1] (Spalten 7–10, der Grundreihe R 20; Spalten 7 und 8 bei mechan. Toleranz, Spalten 9 und 10 bei mech. + elektr. Toleranz)

Grundreihe R 20 $\varphi=1,12$	R 20/2 $\varphi=1,25$	R 20/3 (..2800..) $\varphi=1,4$			R 20/4 (..1400..) $\varphi=1,6$	R 20/4 (..2800..) $\varphi=1,6$	R 20/6 (..2800..) $\varphi=2$			-2%	$+2\%$	-2%	$+4,5\%$
1	2	3			4	5	6			7	8	9	10
100										98	102	98	105
112	112	11,2				112	11,2			110	114	110	117
125			125							123	128	123	132
140	140			1400	140				1400	138	144	138	148
160		16								155	162	155	166
180	180		180			180		180		174	181	174	186
200				2000						196	204	196	209
224	224	22,4			224		22,4			219	228	219	234
250			250							246	256	246	262
280	280			2800		280			2800	276	287	276	294
315		31,5								310	323	310	330
355	355		355		355			355		348	362	348	371
400				4000						390	406	390	416
450	450	45				450	45			438	456	438	467
500			500							491	511	491	524
560	560			5600	560				5600	551	574	551	588
630		63								618	643	618	659
710	710		710			710		710		694	722	694	740
800				8000						778	810	778	830
900	900	90			900		90			873	909	873	931
1000			1000							980	1020	980	1050

Die Reihen R 20, R 20/2 und R 20/4 können nach unten und oben durch Teilen oder Vervielfachen mit 10, 100 usw. fortgesetzt werden.

Die Reihen R 20/3 und R 20/6 sind für drei Dezimalbereiche angegeben, weil sich ihre Zahlen erst in jedem vierten Dezimalbereich wiederholen.

[1] Die Grenzwerte enthalten die zulässigen Abweichungen der Nennwerte unter Berücksichtigung der mechanischen und elektrischen Toleranz. Die mechanische Toleranz von ±2% begrenzte die zulässigen Abweichungen der Übersetzungen von den Sollwerten, die bei der Getriebegestaltung meist nicht genau einzuhalten sind. Die elektrische Toleranz von +4,5% berücksichtigt den unterschiedlichen Vollastschlupf von Motoren verschiedener Herkunft und Leistung, der in den Grenzen von 3,5 bis 6% schwankt.

Die Grenzwerte sind aus den Genauwerten der Reihe R 20 errechnet. Bei der Getriebeberechnung sind die Grenzwerte der Spalten 7 und 8 einzuhalten, wobei als Motor-Lastdrehzahlen die Werte 355, 710, 1410, und 2820 einzusetzen sind. Für den praktischen Betrieb gelten die Grenzwerte der Spalten 9 und 10.

[1] Das Aufzeichnen des Liniennetzes für logarithmische Schaubilder kann man sich erleichtern, wenn man als Koordinaten die Normungszahlen wählt. Da diese geometrisch gestuft sind, erhält man dann ein Liniennetz mit gleichen Strichabständen, d. h. man kann gewöhnliches mm-Papier verwenden.

* Anmerkung: In diesem Buch werden verschiedentlich DIN-Blätter genannt und auch Zahlen daraus wiedergegeben. Dazu sei bemerkt: Maßgebend ist jeweils die neueste Ausgabe des betr. Normblattes, die vom Beuth-Vertrieb, Berlin 15 oder Köln, zu beziehen ist.

weiterer Zusammenhang zu den anderen Reihen gegeben. Die Wahl der Stufensprünge $\sqrt[3]{2}$ und $\sqrt{2}$ war besonders wichtig, weil dadurch die Möglichkeit gegeben ist, auch die Drehzahlreihen polumschaltbarer Drehstrommotoren in die Normung einzubeziehen (siehe Abschnitt 35).

Die beiden Stufensprünge 1,25 und 1,4 sind in den Getrieben der ausgeführten Maschinen am häufigsten zu finden, da sie bei kleinem Schnittgeschwindigkeitsabfall von 20 bzw. 30% und einer nicht zu großen Reihe von Drehzahlen doch einen ausreichenden Drehzahlbereich überbrücken (Tabelle 2).

Tabelle 2. *Zusammenhang der Stufensprünge, Genauwerte und Schnittgeschwindigkeitsabfall A*

φ	$\sqrt[x]{10}$	$\sqrt[x]{2}$	A
1,12	$\sqrt[20]{10} = 1{,}122$		$\approx 10\%$
1,25	$\sqrt[10]{10} = 1{,}259$	$\sqrt[3]{2} = 1{,}261$	$\approx 20\%$
1,4		$\sqrt{2} = 1{,}414$	$\approx 30\%$
1,6	$\sqrt[5]{10} = 1{,}585$		$\approx 40\%$
2		$(\sqrt{2})^2 = 2$	$\approx 50\%$

9. Normung der Vorschübe. Da die Güte der Oberfläche hauptsächlich von der Größe des Vorschubes abhängt, ferner die Leistung der Maschine wie des Werkzeuges nur auszunutzen ist, wenn der jeweils größtmögliche Vorschub eingestellt werden kann, müssen auch mehrere Vorschübe zur Wahl stehen.

Für die wirtschaftliche Ausnutzung der Maschine hat der Vorschub s die gleiche Bedeutung wie die Hauptdrehzahl, da die Maschinenzeit t_h (Hauptzeit) aus der Gleichung

$$t_h = L/u = L/sn,$$

$L =$ Arbeitslänge, ermittelt wird (s. auch Abschn. 49). Es ist daher wichtig, auch den Vorschub nicht zu grob zu stufen, da sonst der durch die Leistung oder Oberflächengüte bedingte Übergang von einem Vorschub zu dem nächst niedrigeren zu großen Zeitverlusten führen würde. Es gelten also hier für den Vorschub die gleichen Überlegungen wie für den Schnittgeschwindigkeitsabfall bei dem Hauptantrieb.

Tabelle 3. *Vorschübe für Werkzeugmaschinen nach DIN 803.* Siehe die Anmerkung zu Tab. 1, S. 8

Nennwerte [1] [2]						
Grundreihe R 20	R 10	Abgeleitete Reihe R 20/3 (...1...)		Grundreihe R 5	Abgeleitete Reihe R 10/3 (...1...)	
$\varphi = 1{,}12$	$\varphi = 1{,}25$	$\varphi = 1{,}4$		$\varphi = 1{,}6$	$\varphi = 2$	
1	1		1	1		1
1,12			11,2			
1,25	1,25	0,125			0,125	
1,4			1,4			
1,6	1,6		16	1,6		16
1,8		0,18				
2	2		2			2
2,24			22,4			
2,5	2,5	0,25		2,5	0,25	
2,8			2,8			
3,15	3,15		31,5			31,5
3,55		0,355				
4	4		4	4		4
4,5			45			
5	5				0,5	
5,6			5,6			
6,3	6,3		63	6,3		63
7,1		0,71				
8	8		8			8
9			90			
10	10			10		

[1] Nennwerte gelten für Vorschübe in mm/Umdr., mm/Hub und mm/min.
[2] Grenzwerte wie in Tabelle 2, dividiert durch 100. Elektrische Toleranz von $+ 4{,}5\%$ gilt nur für Vorschübe mit Einzelantrieb.

Nun haben die Vorschubgetriebe an einigen Werkzeugmaschinen, insbesondere an den Drehmaschinen, noch weitere Aufgaben, etwa daß man die verschiedenen Steigungen für das Schneiden der genormten Gewinde einstellen kann. Leider sind die Steigungen der Gewinde nicht geometrisch gestuft. Es läßt sich daher für diese Getriebe die geometrische Stufung nur schwer mit der durch die Gewindesteigungen gegebenen Stufung in Einklang bringen und dieser historisch begründete Mangel in der Normung zwingt zum Bau umfangreicher und teurer Getriebe (s. a. Beispiel 22).

Jedoch ist auch für die Vorschübe die geometrische Stufung zu bevorzugen, wie sie in DIN 803 vom Normenausschuß vorgeschlagen wird (s. Tabelle 3).

10. Normübersetzungen. Die Einführung der Normenreihen und Normstufen führt zwangsläufig zu Normübersetzungen (Tab. 4) und schließlich zu Wechselrädern, deren Zähnezahlen wieder Normungszahlen sind.

Rechnet man mit den Normdrehzahlen sowie den genormten Stufensprüngen und Übersetzungen, so muß man sich immer bewußt bleiben, daß es sich um gerundete Werte handelt. So sind in der Reihe R 20/6 mit $\varphi = 2$ die Drehzahlen 180 — 355 — 710 — 1400 — usf. festgelegt. Liegt nun hinter einer Welle mit der Drehzahl 355 eine Normübersetzung $i = 2$, so wird die Abtriebsdrehzahl 177,5 und nicht 180. Es sind also manchmal kleine Korrekturen notwendig, damit die Abweichungen von den Normwerten nicht zu groß werden (s. spätere Beispiele!).

Tabelle 4. *Normübersetzungen ausgedrückt als Potenzen des Stufensprunges* $(i = \varphi^x)$
z. B. $1,4^3 = 2,8$

φ	0	0,5	1	1,5	2	2,5	3	3,5	4	4,5	5	5,5	6	6,5	7
1,25	1	1,12	1,25	1,4	1,6	1,8	2,0	2,24	2,5	2,8	3,15	3,55	4,0	4,5	5
1,4	1	1,18	1,4	1,7	2,0	2,36	2,8	3,35	4,0	4,75	5,6	6,7	8,0	9,5	11,2
1,6	1	1,25	1,6	2,0	2,5	3,15	4,0	5	6,3	8	10	12,5	16,0	20	25

	7,5	8	8,5	9	9,5	10	10,5	11	11,5	12	12,5	13	14	15	16
1,25	5,6	6,3	7,1	8	9	10	11,2	12,5	14	16	18	20	25	31,5	40
1,4	13,2	16,0	19	22,4	26,5	31,5	37,5	45	53	63	75	90	125	180	250

III. Stufenscheibengetriebe

A. Aufbau

11. Einfache Stufenscheibengetriebe. Bei den offenen Riementrieben bleibt der Drehsinn erhalten. Soll er geändert werden, so muß man den Riemen gekreuzt auflegen. *Stufenscheiben* besitzen mehrere verschieden große Durchmesser, auf die der Flach- oder Keil-Riemen oder eine Riemenschnur wahlweise umgelegt werden kann, wodurch dann die Übersetzung geändert wird. Bedingung ist aber, daß der Riemen möglichst bei allen Lagen die gleiche Spannung behält. Das wird bei Flachriemen erreicht mit Achsabständen $A > 10\,(d_g - d_k)$ (d_g = größter, d_k = kleinster Durchmesser der Scheibe), wenn für alle Riemenlagen die Summe der gegenüberliegenden Durchmesser gleich bleibt. Für Bild 8 besteht demnach die „Summengleichung" $S = d_1 + d_2 = d_3 + d_4 = d_5 + d_6$. Die Durchmesser können durchweg verschieden ausgeführt werden, meist baut man aber die Stufenscheiben gleich, so daß in Bild 8 $d_1 = d_6$, $d_3 = d_4$ und $d_5 = d_2$ würde.

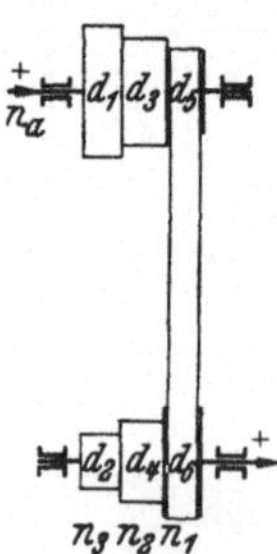

Bild 8. Antrieb der Maschinenspindel über Stufenscheibe

12. Erweiterung der Stufenscheibengetriebe. Bei Erweiterung durch Rädervorgelege sitzt die Stufenscheibe lose auf der Welle und trägt das Rad 1 (Bild 9). Bei Linksschaltung der Kupplung geht der Antrieb von der Stufenscheibe auf die Welle I und kann durch Umlegen des Riemens vier verschiedene Drehzahlen liefern. Schaltet man aber die Kupplung nach rechts, so geht der Antrieb von der Stufenscheibe über die

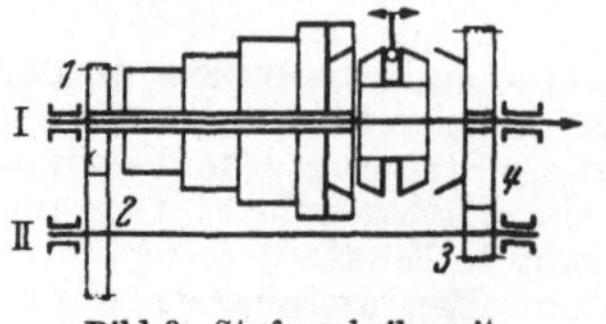

Bild 9. Stufenscheibe mit einfachem Rädervorgelege

Räder *1—2* auf die Vorgelegewelle *II* und über Räder *3—4* und die Kupplung auf Welle *I*. Hierdurch erhält man weitere vier Drehzahlen. Es entstehen also insgesamt $2 \cdot 4 = 8$ Drehzahlen, von denen die höheren vier Drehzahlen n_8, n_7, n_6, n_5 durch unmittelbare Übertragung und die vier niedrigeren Drehzahlen n_4, n_3, n_2, n_1 durch das Vorgelege erzeugt werden. Die Gesamtübersetzung des Vorgeleges muß auf die Räderpaare z_1/z_2 und z_3/z_4 aufgeteilt werden.

Eine andere Möglichkeit, die Drehzahlreihe im Abtrieb zu erweitern, besteht darin, zwei Stufenscheibengetriebe hintereinander anzuordnen (Bild 10, Wellen *I —II—III*). Hier erhält man drei Drehzahlen, wenn der Riemen zwischen Wellen *I* und *II* auf $d_1 - d_2$ liegt, und drei weitere nach Umlegen auf $d_3—d_4$ (s. 5. Beispiel Seite 12).

B. Drehzahlverhältnisse

13. Drehzahlen bei einfachen Stufenscheibengetrieben. Sind die gewünschten Enddrehzahlen (Bild 8) n_1, n_2, n_3 und die Antriebsdrehzahl n_a, so bestehen für die Durchmesser die Gleichungen nach (2):

$$\frac{d_1}{d_2} = \frac{n_3}{n_a} \; ; \qquad \frac{d_3}{d_4} = \frac{n_2}{n_a} \; ; \qquad \frac{d_5}{d_6} = \frac{n_1}{n_a} \; .$$

Um nun die Durchmesser zu berechnen, muß *ein* Durchmesser angenommen werden. Meist ist der größte oder der kleinste Durchmesser auf der Maschine durch bauliche Bedingungen festgelegt. Ist z. B. d_6 gegeben, so wird demnach $d_5 = d_6\, n_1/n_a$. Für die Durchmesser d_3 und d_4 bestehen jetzt die zwei Gleichungen: $d_3/d_4 = n_2/n_a$ und $d_3 + d_4 = d_5 + d_6 = S$. Aus der ersten wird $d_3 = d_4\, n_2/n_a$ eingesetzt in die zweite: $d_4\, (1 + n_2/n_a) = S; d_4 = S/(1 + n_2/n_a)$. Nach Berechnung von d_4 wird dann $d_3 = S - d_4$. Entsprechend wird $d_2 = S/(1 + n_3/n_a)$ und $d_1 = S - d_2$.

Diese Berechnung gilt allgemein für alle Stufungsarten und auch für die Berechnung von Stufenscheiben für Keilriemen- und Schnurgetriebe. Hier ist statt d jeweils der mittlere Durchmesser d_m (Nenndurchmesser) einzusetzen. Bei gleichen Durchmessern ist man in der Wahl der Antriebsdrehzahl gebunden: Da $d_3 = d_4$ werden soll, muß $n_a = n_2$ werden. Für derartige Scheiben nehmen dann die Gleichungen folgende Formen an: $S = d_1 + d_3 = d_2 + d_2 = 2\, d_2 = d_1 + d_3$ und $d_3/d_1 = n_1/n_a$; $d_2/d_2 = n_2/n_a = 1/1$; $d_1/d_3 = n_3/n_a$. Ist die Stufung der Enddrehzahlen geometisch, also $n_2 = n_1\, \varphi$, $n_3 = n_1\, \varphi^2$, so wird durch Einsetzen in obige Gleichung: $d_3/d_1 = n_1/n_a$; $d_1/d_3 = n_1\, \varphi^2/n_a$. Die Division beider Gleichungen ergibt:

$$\frac{d_3}{d_1} \cdot \frac{d_3}{d_1} = \frac{n_1}{n_a} \cdot \frac{n_a}{n_1\, \varphi^2} \; ;$$

$d_3{}^2/d_1{}^2 = 1/\varphi^2$; $d_3/d_1 = 1/\varphi$ und $d_1/d_3 = \varphi$.

Führt man diese Rechnung auch für die 2-, 3-, 4stufige Scheibe durch, so erhält man die Gleichungen für die Übersetzungen, wie sie in Tabelle 5 angeführt sind. Sie gelten aber nur dann, wenn die gegenüberliegenden Stufenscheiben gleiche Abmessungen haben und die Enddrehzahlen geometrisch gestuft sind.

Bei geometrischer Stufung wird innerhalb des Bereiches 1:3 bis 3:1 der Unterschied zwischen benachbarten Durchmessern praktisch gleich, also in Bild 8 $d_1 - d_3 = d_3 - d_5$, d. h. die Durchmesser sind arithmetisch gestuft.

14. Drehzahlen bei Stufenscheiben mit Vorgelegen. In Bild 9 wandelt das Rädervorgelege die Drehzahl n_8 in n_4, n_7 in n_3, n_6 in n_2, n_5 in n_1. Bei geometrischer Stufung ist aber z. B. $n_5 = n_1\, \varphi^4$, also verhält sich $n_5 : n_1 = n_1\, \varphi^4 : n_1 = \varphi^4$ und man erhält für die Zähnezahlen $i_v = \varphi^4 = (z_2/z_1) \cdot (z_4/z_3)$.

Tabelle 5. *Verhältnis der Durchmesser bei Stufenscheibengetrieben mit gleichen Scheibenabmessungen*

Treibend (Vorgelege)	d_1 d_2	d_1 d_2 d_3	d_1 d_2 d_3 d_4
Getrieben (Maschine)	d_2 d_1	d_3 d_2 d_1	d_4 d_3 d_2 d_1
V	$\dfrac{\sqrt{\varphi}}{1}\ \dfrac{1}{\sqrt{\varphi}}$	$\dfrac{\varphi}{1}\ \dfrac{1}{1}\ \dfrac{1}{\varphi}$	$\dfrac{\sqrt{\varphi^3}}{1}\ \dfrac{\sqrt{\varphi}}{1}\ \dfrac{1}{\sqrt{\varphi}}\ \dfrac{1}{\sqrt{\varphi^3}}$
n_a	$n_2/\sqrt{\varphi}$	n_3/φ	$n_4/\sqrt{\varphi^3}$
i_v	φ^2	φ^3	φ^4

4. Beispiel. Für eine Werkzeugmaschine soll ein Antrieb mit 8 Drehzahlen berechnet werden (Stufenscheibe mit 4 Stufen und einfaches Vorgelege). Die höchste Drehzahl ist $n_8 = 710$ U/min; $\varphi = 1,4$. Größter Scheibendurchmesser auf der Maschine 300. Die Scheiben auf der Spindel und dem Vorgelege seien gleich groß.

Lösung. Die Drehzahlen sind der Normenreihe zu entnehmen. Nach Tabelle 5 wird $d_1{:}d_4 = \sqrt{\varphi^3}/1 = 1,68$, also $d_4 = 300/1,68 = 178$ mm. Demnach wird $S = 300 + 178 = 478$ mm. Außerdem folgt a) $d_2{:}d_3 = \sqrt{\varphi} = 1,19$; b) $d_2 + d_3 = 478$. Gleichung a) ergibt $d_2 = 1,19\,d_3$ eingesetzt in b) $2,19\,d_3 = 478$. $d_3 = 218$ und $d_2 = 478 - 218 = 260$ mm. Die Drehzahl des Deckenvorgeleges n_a kann nun bestimmt werden aus $d_1{:}d_4 = n_8{:}n_a$ zu $n_a = 710 \cdot 178/300 \approx 420$ U/min. Für das Vorgelege ergibt sich aus Tabelle 5 eine Übersetzung $i_v = \varphi^4 = 4$.

5. Beispiel. Für den Werkstückantrieb einer Rundschleifmaschine sollen die Durchmesser der Keilriemen-Stufenscheiben nach Bild 10 so berechnet werden, daß die Werkstückspindel IV mit sechs Normdrehzahlen ($n_1 = 28$, $n_6 = 280$ Umdr./min, Stufensprung 1,6) läuft. Die Leerlaufdrehzahl des Antriebsmotors sei 1500 Umdr./min.

Lösung. Zwischen dem Antriebsmotor mit Welle I und Zwischenwelle II liegt eine zweistufige, zwischen Wellen II und III eine dreistufige Scheibe. Von Welle III wird dann mit einem dreifachen Keilriemen die Spindel IV angetrieben. Die Welle II ist in einer exzentrischen Buchse gelagert, so daß sie zum Umlegen des Riemens geschwenkt werden kann.

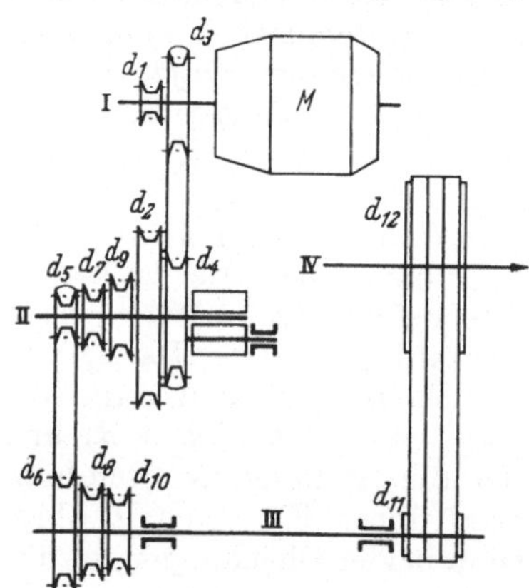

Bild 10. Antrieb mit Keilriemen für den Rundvorschub einer Rundschleifmaschine [3]

Die Übersetzung $i_6 = d_{12}/d_{11}$ wird groß gewählt, damit die Vorwellen mit höheren Drehzahlen laufen (vgl. Abschn. 18), sie sei $i_6 = 4$. Unter Last wird die Drehzahl des Motors auf $n_I \approx 1400$ abfallen. Die Übersetzung $i_2 = d_4/d_3$ kann dann so gewählt werden, daß Welle II mit der nächst niedrigen Drehzahl der Normreihe R 20/4 (… 2800…) (s. Tab. 1) läuft, also mit $n_{II\,2} = 1120$. Demnach wird $i_2 = 1400/1120 = 1,25$. Wählt man nun $i_5 = d_{10}/d_9 = 1$, so müssen $i_4 = i_5 \cdot \varphi = 1,6$ und $i_3 = i_5 \cdot \varphi^2 = 2,5$ werden, damit im Abtrieb eine Normreihe aufgebaut wird. Die niedrigen drei Drehzahlen werden dann durch Umlegen des Riemens zwischen I und II auf $d_1 - d_2$ erreicht. Hier muß also i_1 so groß gewählt werden, daß aus der Drehzahl 1400 die Abtriebsdrehzahl 280 wird. Demnach $i_1 = d_2/d_1 = 1400/280 = 5 = i_2 \cdot \varphi^3 = 1,25 \cdot 4$.

Bei der Berechnung der Durchmesser wird zunächst der kleinste Durchmesser auf Welle I, also d_1 gewählt zu $d_1 = 63$ mm. Dann wird $d_2 = 63 \cdot 5 = 315$ mm und $d_1 + d_2 = 378$ mm. Da $i_2 = d_4/d_3 = 1,25$ und $d_3 + d_4 = 378$ mm, so wird nach Einsetzen $1,25\,d_3 + d_3 = 378$ und $d_3 = 378/2,25 = 168$ mm, $d_4 = 378 - 168 = 210$ mm. Auf der Welle II ist der kleinste Durchmesser d_5, er wird $d_5 = 80$ mm gewählt; dann ist $d_6 = 80 \cdot 2,5 = 200$ und $d_5 + d_6 = 280$ mm $= d_7 + d_8$. Da $d_8/d_7 = 1,6$, ergibt sich $d_7 = 280/2,6 \approx 110$ und $d_8 = 280 - 110 = 170$ mm. Schließlich $d_9 = d_{10} = 280/2 = 140$ mm. Die Durchmesser d_{11} und d_{12} im Verhältnis 1:4 ergeben sich dann aus den konstruktiven Bedingungen.

Probe:

$$n_6 = 1400 \cdot \frac{168}{210} \cdot \frac{140}{140} \cdot \frac{1}{4} = 280 \qquad n_3 = 1400 \cdot \frac{63}{315} \cdot \frac{140}{140} \cdot \frac{1}{4} = 70$$

$$n_5 = 1400 \cdot \frac{168}{210} \cdot \frac{110}{170} \cdot \frac{1}{4} = 181 \qquad n_2 = 1400 \cdot \frac{63}{315} \cdot \frac{110}{170} \cdot \frac{1}{4} = 45$$

$$n_4 = 1400 \cdot \frac{168}{210} \cdot \frac{80}{200} \cdot \frac{1}{4} = 112 \qquad n_1 = 1400 \cdot \frac{63}{315} \cdot \frac{80}{200} \cdot \frac{1}{4} = 28$$

C. Leistungsverhältnisse

15. Leistung und Drehmoment an Stufenscheiben für Flachriemen. Die Stufenscheibengetriebe an Werkzeugmaschinen laufen häufig unter schlechten Voraussetzungen (kleine Riemengeschwindigkeit, zu kleine Durchmesser, geringe Achsabstände, große Übersetzungen, geringer Umschlingungswinkel).

Bei der überschläglichen Ermittlung der über Stufenscheibengetriebe zu übertragenden Kräfte P, Drehmomente M und Leistungen N kann man sich auf Erfahrungswerte stützen und von der Gleichung ausgehen

$$P = p\,b \text{ in kp} \tag{14}$$

worin b = Riemenbreite in mm und p die zulässige Beanspruchung in kp je mm Riemenbreite bedeuten. Diese p-Werte sind abhängig von der Riemenbreite, während Riemengeschwindigkeit und Umschlingungswinkel hier vernachlässigt werden. Mittlere Werte sind

Riemenbreite b . . . = 25   40   63   80   100   140 mm
Belastungszahl p . . . = 0,8   0,9   1,1   1,25   1,4   1,6 kp/mm

Aus Riemenkraft und Scheibendurchmesser ergeben sich dann für die einzelnen Stufen die eingeleiteten Drehmomente $M = P\,d/2$ in kpcm oder aus Riemenkraft und Geschwindigkeit auch die Leistung $N = P\,v/102$ in kW, wenn von dem Wirkungsgrad zunächst abgesehen wird. Sind die Stufenscheibengetriebe mit Rädervorgelegen (Übersetzung i_v) ausgerüstet, so wird das Moment an der Arbeitsspindel

$$M = P\,i_v\,d/2 . \tag{15}$$

Sind für die überschlägliche Berechnung der Flachriemen Drehzahlen n, Scheibendurchmesser d und Leistung N in kW gegeben, so folgt die Riemenbreite b aus

$$b \approx 102\,N/(s\,k_n\,v) \text{ in cm} . \tag{16}$$

Hierin ist s die Riemendicke (in cm einsetzen!), v die Umfangsgeschwindigkeit in m/s, k_n die Nutzspannung in kp/cm². Übliche Riemendicken sind bei Lederriemen 0,4···0,6 cm für einfache, und 0,8 ··· 1,0 cm für doppelte Riemen.

Bei Ledertreibriemen kann man für die Nutzspannung k_n in Gleichung (16) die Werte der Tabelle 6 einsetzen. Diese Werte berücksichtigen gerade die kleineren Umfangsgeschwindigkeiten und Scheiben der Werkzeugmaschinen.

Tabelle 6. *Zulässige Nutzspannungen k_n in kp/cm² für 4 mm dicke Lederriemen (nach* GRÜNDER: *Riemen im Werkzeugmaschinen-Antrieb. Berlin 1933)*

Riemengeschwindigkeit v in m/s	1,5	2	3	4	5	6	7	8
Scheibendurchmesser in mm 100	7,0	7,25	7,6	8,0	8,3	8,6	8,8	9,0
160	9,5	9,9	10,6	11,0	11,3	11,6	11,8	12,0
280	14	14,8	16	17,0	17,6	18,1	18,6	19,0

Für genauere Berechnung von Einzelantrieben s. Schrifttum [5,8], desgleichen auch die Ermittlung der Abmessungen von Sonderriemen, Belagriemen, Textilriemen, Seitenriemen usf.

6. Beispiel. Für die im Beispiel 4 berechnete Stufenscheibe sollen die Drehmomente an der Arbeitsspindel berechnet werden, wobei die Stufenbreite 80 mm betragen soll.

Lösung. Zu einer Stufenbreite von 80 mm gehört eine Riemenbreite von 70 m. Nimmt man $p = 1,2$ an, so wird die Riemenkraft $P = 70 \cdot 1,2 = 84$ kp. Die Drehmomente werden dann auf den einzelnen Stufen (d in cm einsetzen!):

$M_8 = 84 \cdot 17{,}8/2 = 750$ kpcm und $M_7 = 920$, $M_6 = 1090$, $M_5 = 1260$; die Momente M_4 bis M_1 ergeben sich aus M_8 bis M_5, multipliziert mit der Vorgelegeübersetzung. Der Wirkungsgrad sei mit 0,9 angenommen. Dann erhält man: $M_4 = 4 \cdot 0{,}9 \cdot 750 = 2700$ kpcm und weiter $M_3 = 3335$, $M_2 = 3930$, $M_1 = 4540$. In Bild 11 sind die Werte in einem Schaubild zusammengestellt. Man erkennt, daß die Momente beim Übergang zur Vorgelegeübersetzung stark ansteigen und daß die Leistung an der Spindel nicht konstant ist.

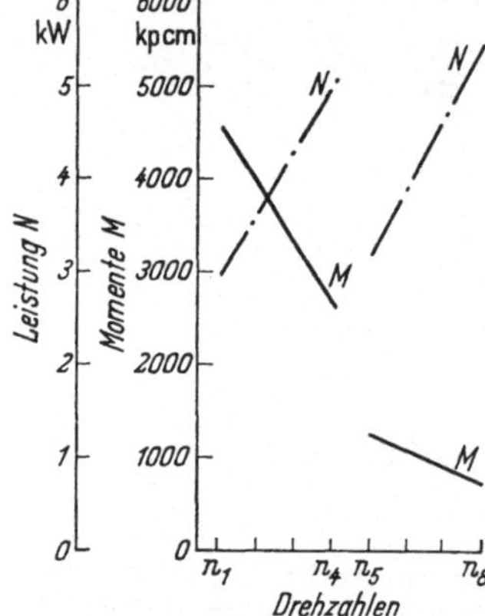

Bild 11. Beim Antrieb über Stufenscheibe mit Rädervorgelege wachsen die Momente nicht stetig

16. Leistung der Keilriemen.

Keilriemenquerschnitte (Bild 12), Längen und Keilriemenscheiben sind nach DIN 2215···2217 genormt. Aus Tabelle 7 kann man die Nutzkraft P_n je Riemen und die Leistung entnehmen, die mit einem Riemen bei 180° Umschlingungswinkel übertragen werden kann. Die wirkliche Leistung ändert sich nach

$$N' = N\, c_1/c_2 , \qquad (17)$$

wenn der Umschlingungswinkel kleiner als 180° ist (Beiwert c_1 aus Tabelle 8) und der Riemen zeitweilig überbeansprucht wird (Beiwert c_2 der Tabelle 8). In DIN 7753 sind *Schmalkeilriemen* mit Nennbreiten 9,5—12,5 und 19 mm und kleinsten zulässigen Durchmessern 71—90 und 160 mm genormt. Leistungsangaben durch die Hersteller.

Tabelle 7. *Keilriementrieb, DIN 2218 (Auszug). Leistung in kW für Umschlingungswinkel 180°, Nutzkraft und min d_m.* Siehe die Anmerkung zu Tabelle 1, S. 8

Breite b	in	mm	8	10	13	17	20	25	32	40
Höhe y	in	mm	5	6	8	11	12,5	16	20	25
		2	0,074	0,14	0,27	0,51	0,74	1,1	1,8	2,7
		4	0,14	0,27	0,55	0,96	1,4	2,2	3,5	5,5
Leistung in kW bei		6	0,21	0,41	0,81	1,4	2.1	3,2	5,1	8,1
Riemengeschwindigkeit v in m/s		10	0.32	0,64	1,25	2,3	3,3	5,1	8,2	12,5
		14	0,38	0,81	1,6	2,9	4,3	6,6	10,6	16,2
		18	0,41	0,88	1,9	3,4	4,9	7,7	12,2	18,0
		22	0,36	0,88	2,0	3,5	5,2	8,0	12,8	19,9
		26	0,22	0,74	1,9	3,3	4,8	7,4	11,9	18,4
		30	—	—	1,5	2,6	3,7	5,9	9,6	14,7
Nutzkraft kp			5	8	14	22,5	36	56	90	140
Kleinster zul. Dmr. min d_m mm			45	63	90	125	180	250	355	500

Tabelle 8. *Beiwerte für die Berechnung der Keilriemen.*

Umschlingungswinkel β	180°	170°	160°	150°	140°	130°	120°	110°	100°	90°	80°	70°
Beiwert c_1	1	0,98	0,95	0,92	0,89	0,86	0,82	0,78	0,73	0,68	0,63	0,58

Überbeanspruchung in % der normalen Beanspruchung	0	25	50	100	150
Beiwert c_2	1	1,1	1,2	1,4	1,6

D. Ausführung der Riementriebe

17. Stufenscheibengetriebe mit Flachriemen.

Das Stufenscheibengetriebe hat viele Nachteile: Das Umlegen der Riemen erfordert viel Zeit; die Kraftübertragung ist beschränkt, wenn die Riemengeschwindigkeiten gering sind; die Sicherheit der Kraftübertragung wird oft durch die geringe Umspannung der kleinsten Scheibe beeinträchtigt, zumal gerade bei ihr die Spindel mit der höchsten Drehzahl oder dem größten Moment läuft; infolge der Baulänge ist die Stufenzahl begrenzt. Baut man zur Erhöhung der Stufenzahl Rädervorgelege ein, so wird die Zeit für den Drehzahlwechsel noch größer. Stufenscheiben haben daher nur Berechtigung bei schnelllaufenden Wellen mit kleiner Leistung. Das wichtigste Anwendungsgebiet der Riemen im Werkzeugmaschinenbau sind die Hauptantriebe, bei denen ein Elektromotor über Riemen eine Welle des Getriebes oder die Spindel antreibt. Der Riementrieb wird dem Anbau eines Elektromotors als Flanschmotor oft vorgezogen, da er bei Überlastungen nachgibt. Außerdem kann man bei Verwendung eines Riementriebes jeden normalen Motor einbauen und auch leicht den Trieb umbauen, was bei Flanschmotorantrieb nicht möglich ist und besonders bei Ersatzbeschaffung sehr störend für den Betrieb werden kann. Voraussetzung für einen leistungsfähigen Betrieb ist eine genügend große Vorspannung (bis ~ 20 kp/cm²). Die Achse einer Welle ist daher verstellbar. Meist wird der Elektromotor auf einer Spannschiene oder einer Wippe befestigt oder ein im Fuß der Maschine angeordneter Getriebekasten ist schwenkbar. Der Spannweg soll 3···6% der Riemenlänge betragen.

Erschütterungsfreien Lauf erreicht man bei Flachriemen durch Verwenden von Riemen, die über ihre ganze Länge gleichmäßig dick und endlos ausgeführt sind.

Bei Lederriemen ist $i = 5$ die Grenze, darüber müssen Spannrollen vorgesehen werden. Die Riemenlänge wird berechnet bei Achsenabstand A für offene Triebe aus

$$L \approx 2\,A + \pi(d_g + d_k)/2 + (d_g - d_k)^2/(2\,A) \tag{18}$$

für gekreuzte Triebe aus

$$L \approx 2\,A + \pi(d_g + d_k)/2 + (d_g + d_k)^2/(2\,A)\,. \tag{19}$$

Folglich bleibt für gekreuzte Riemen die Riemenlänge bei bonstantem $(d_g + d_k)$ der Stufenscheiben ebenfalls konstant, auch bei kleistem Achsabstand A. Dagegen muß im gleichen Falle beim offenen Riementrieb der Achsabstand eine gewisse Mindestgröße haben, damit sich die Unterschiede der Werte von $(d_g - d_k)$ beim Umlegen des Riemens auf ein anderes Scheibenpaar möglichst wenig bemerkbar machen.

18. Keilriemengetriebe. Bei *Keilriemen* sind die Scheibendurchmesser nach den Normen und möglichst groß zu wählen, so daß die Umfangsgeschwindigkeit groß wird, aber kleiner als 25 m/s bleibt. Die Riemenlänge ist nach (18) zu berechnen, wobei man nach Bild 12 den mittleren Scheibendurchmesser einsetzt und auch die mittlere Riemenlänge erhält. Genormt sind jedoch die inneren Riemenlängen, die zugehörigen mittleren Längen sind um $\pi\,y$ größer. Die mittleren Scheibendurchmesser = Nenndurchmesser sind auch für die Berechnung der Übersetzung einzusetzen. Größte Übersetzung etwa 10 bei Achsabstand $A \geqq d_g$, so daß der Umschlingungswinkel der kleineren Scheibe $\beta \geqq 120°$ wird. Zweckmäßig wählt man nicht einen, sondern mehrere (bis 10) Riemen zur Leistungsübertragung. Damit man den Riemen spannungslos auflegen und dann nachspannen kann,

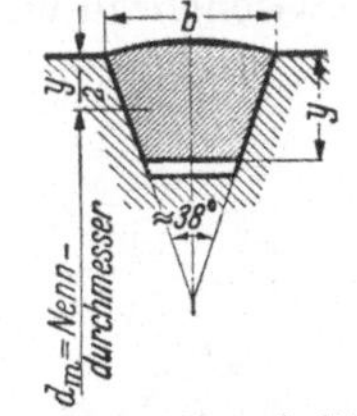

Bild 12. Querschnitt durch den Keilriemen

soll der Achsabstand um zweimal Keilriemenhöhe verkleinert und um 2···4% vergrößert werden können.

Für Flach- und Keilriementriebe ist als Gesamtwirkungsgrad im Mittel 0,9···0,95 anzusetzen, Geschwindigkeitsverluste durch Dehnungs- und Gleitschlupf betragen etwa 0,5···1,5%.

7. **Beispiel.** Ein Elektromotor mit $N = 5$ kW, $n = 1420$ soll eine Fräsmaschine mit $n_2 = 750$ Umdr./min antreiben. Aus Raumgründen darf der Außendurchmesser der Keilriemenscheibe an der Maschine nicht größer als 250 mm werden, Achsabstand $A = 800$ mm. **Lösung.** Man wähle den Durchmesser möglichst groß, hier also den Grenzwert von 250 mm. Die Umfangsgeschwindigkeit beträgt dann etwa $v \approx 0,25\,\pi\,750/60 \approx 10$ m/s. Für die Leistung von 5 kW können nun gewählt werden (Tabelle 7) 5:0,64 = 8 Riemen 10/6 oder 5:1,25 = 4 Riemen 13/8 oder 5:2,3 = 3 Riemen 17/11. Werden 5 Riemen 13/8 gewählt, so wird der mittlere Scheibendurchmesser an der Maschine $250 - y = 250 - 8 = 242$ mm.

Der mittlere Durchmesser der Motorscheibe wird $d = 242 \cdot 750/1420 = 128$ mm. Das ist nach Tabelle 7 zulässig, da min $d = 90$. Umschlingungswinkel wird $\beta \approx 170°$, also $c_1 = 0,98$. Bei $c_2 = 1,2$ wird dann $N' = 5 \cdot 1,25 \cdot 0,98/1,2 \approx 5,1$ kW, reicht also aus.

IV. Stufenrädergetriebe

A. Aufbau der Stufenrädergetriebe

19. Einführung. In den Stufenrädergetrieben sitzen die Räder teils fest auf den Wellen, teils sind sie verschiebbar, teils lose und kuppelbar. Um die Aufbauzeichnungen der Rädertriebe leicht zu übersehen, sind die Räder durch Sinnbilder dargestellt, und zwar Räder, die fest auf der Welle sitzen, nach Bild 13a, Räder, die lose auf der Welle sitzen, nach Bild 13b, Schieberäder — also achsig verschiebbar, aber durch eine Feder, Vielkeilwelle oder K-Profilwelle das Drehmoment übertragend — nach Bild 13c, Kupplungen nach Bild 14.

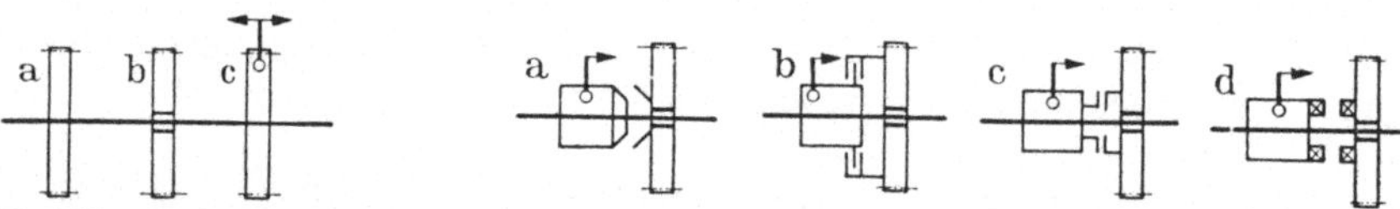

Bild 13. Sinnbilder für die Darstellung der Stirnräder; *a* fest, *b* lose, *c* verschiebbar aber Moment übertragend

Bild 14. Darstellung der Kupplungen; *a* Kegelreibkupplung, *b* Lamellenkupplung, *c* Zahnkupplung, *d* Klauenkupplung

Die Stirnräder werden mit Ziffern 1—2—3 ..., ihre Zähnezahlen mit z_1, z_2, z_3 ... Wellen mit I, II, III ... bezeichnet; die Drehrichtung der Wellen mit $+$ und $-$.

In den Räderwechselgetrieben werden die Drehmomente von der treibenden Welle I fast ausschließlich über Stirnräder auf die Abtriebswelle II übertragen. In die Übersetzungsgleichung setzt man bei Rädertrieben statt der Durchmesser zweckmäßig die Zähnezahlen ein und erhält dann $i = n_1/n_2 = z_2/z_1$ [s. auch Gl. (2)].

In dem einfachen Rädertrieb nach Bild 15 wird der Drehsinn geändert; soll er erhalten bleiben, so muß ein Zwischenrad eingebaut werden (Bild 16). Durch das Zwischenrad wird die Übersetzung nicht geändert.

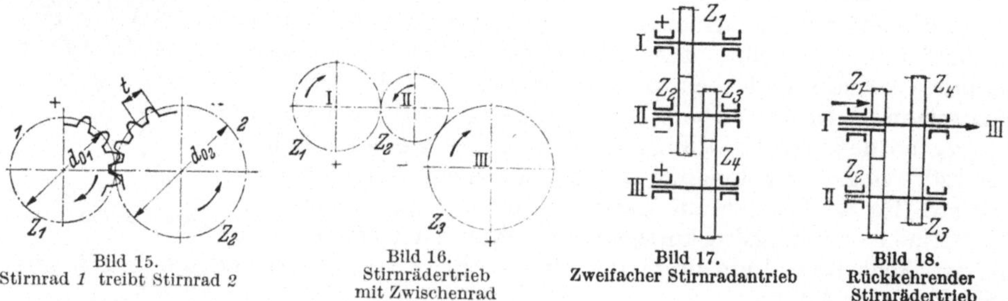

Bild 15.
Stirnrad *1* treibt Stirnrad *2*

Bild 16.
Stirnrädertrieb mit Zwischenrad

Bild 17.
Zweifacher Stirnradantrieb

Bild 18.
Rückkehrender Stirnrädertrieb

Werden jedoch auf der Zwischenwelle zwei Räder angeordnet (Bild 17), so wird die Gesamtübersetzung $i = (z_4\,z_2)/(z_3\,z_1)$, also getriebene Räder durch treibende Räder. Man bezeichnet diese Anordnung, bei der der Drehsinn unverändert bleibt, als „zweifachen Trieb". Man kann diesen Trieb auch so anordnen, daß er die Drehbewegung wieder zur Ausgangsachse zurückführt (Bild 18). Hier wird dann Welle I zu einer Buchse auf Welle III. Das rückkehrende Räderwerk wurde bei den Rädervorgelegen der Stufenscheibengetriebe (Bild 9) schon gezeigt.

20. Wechselräder und Umsteckräder stellen das einfachste Räderwechselgetriebe dar, bei dem von Fall zu Fall zwei oder mehr Räder ausgewechselt werden, um die gewünschte Übersetzung zu erreichen. Wechselräder können zwei feste Wellen unmittelbar verbinden (Umsteckräder) oder als zweifacher Trieb (Bild 17) angeordnet werden. Umsteckräder müssen neben der Übersetzungsgleichung auch die Bedingungen für den Achsabstand erfüllen (Abschnitt 28). Bei dem zweifachen Wechselräder-Trieb wird dagegen die Zwischenwelle beweglich auf einer Schere angebracht (Bild 19). Nun kann die Zahnsumme ohne Rücksicht auf den festen

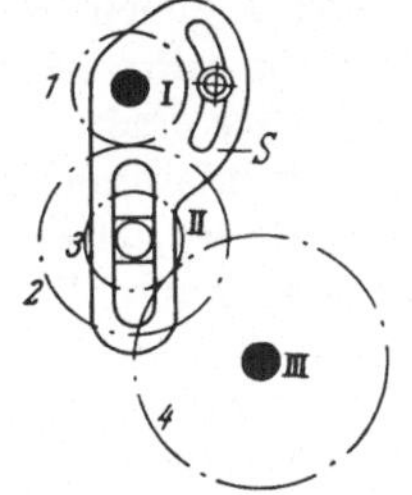

Bild 19. Wechselräder $1-2-3-4$; Welle II ist in Scheres gelagert

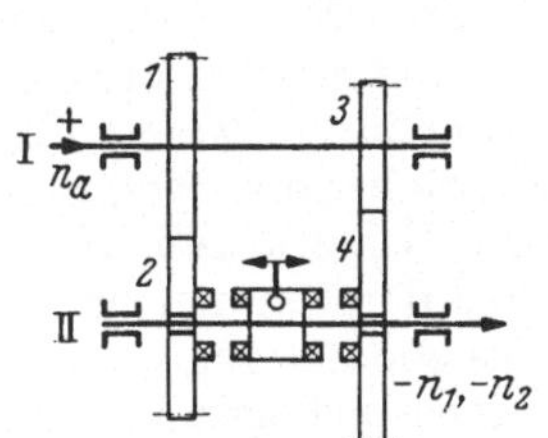

Bild 20. Zweistufiges Grundgetriebe

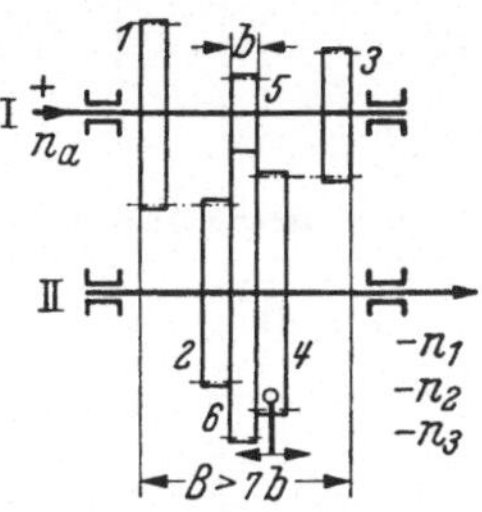

Bild 21. Dreistufiges Grundgetriebe

Achsabstand beliebig gewählt werden und es ist möglich, mit einer verhältnismäßig geringen Zahl von Wechselrädern eine sehr große Reihe verschiedener Übersetzungen mit weitem Bereich einzustellen. Die Zähnezahlen der Wechselräder für Werkzeugmaschinen sind nach DIN 781 genormt.

21. Zweiwellen- oder Grundgetriebe besitzen zwei oder mehr Zahnradpaare, die zwei festgelagerte Wellen verbinden. Das einfachste Getriebe dieser Art ist das zweistufige Zweiwellengetriebe (Bild 20), bei dem die Antriebsdrehzahl n_a einmal durch die Räder $1-2$ und dann durch $3-4$ in 2 Enddrehzahlen gewandelt wird. Die Räderpaare $1-2$ und $3-4$ können (wie gezeichnet) durch Kupplung oder aber durch Verschieben zum Eingriff gebracht werden. Für 3 Enddrehzahlen (Bild 21) ist das dreistufige Getriebe mit Schieberädern gezeigt. Entsprechenden Aufbau hat auch das vierstufige Getriebe, bei dem durch 4 Räderpaare 4 Enddrehzahlen einschaltbar sind. Die Baubreite wird hier schon recht beträchtlich, so daß man in dieser Form selten mehr Räderpaare anordnet.

22. Ungebundene Dreiwellengetriebe. Schaltet man nun 2 Grundgetriebe hintereinander, so erhält man Dreiwellengetriebe. Bild 22 zeigt ein vierstufiges Getriebe, dessen Kraftwege in Bild 23 angegeben sind. Danach erhält man die Drehzahlen über die Räder: n_1 über $3-4-7-8$; n_2 über $3-4-5-6$; n_3 über $1-2-7-8$ und schließlich n_4 über $1-2-5-6$. In ähnlicher Weise erhält man 6 Drehzahlen, wenn man ein dreistufiges und ein zweistufiges Grundgetriebe

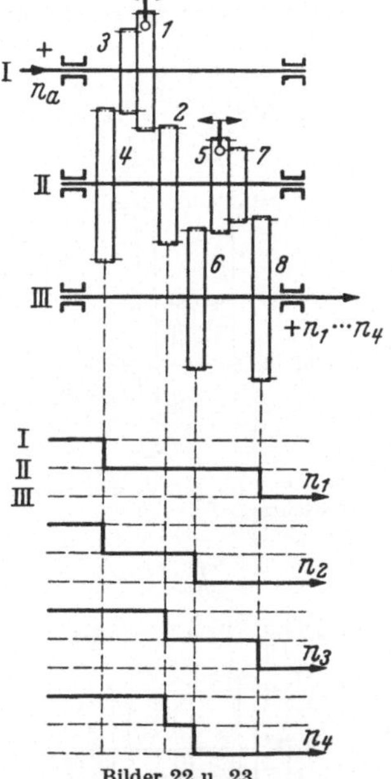

Bilder 22 u. 23.
Vierstufiges Dreiwellengetriebe und Gänge durch das Getriebe

hintereinanderschaltet (Bild 24). 8 Drehzahlen entstehen aus 2×4 oder umgekehrt und schließlich 9 Drehzahlen aus 3×3. Man könnte noch weitergehen und entsprechend auch 12- und 16stufige Getriebe konstruieren. Diese Anordnungen lassen sich aber schlecht bauen, so daß man mit Dreiwellengetrieben in Haupt-

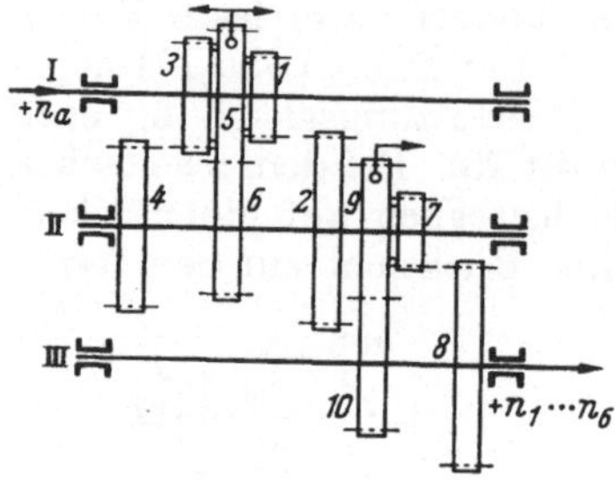

Bild 24. Sechsstufiges Dreiwellengetriebe

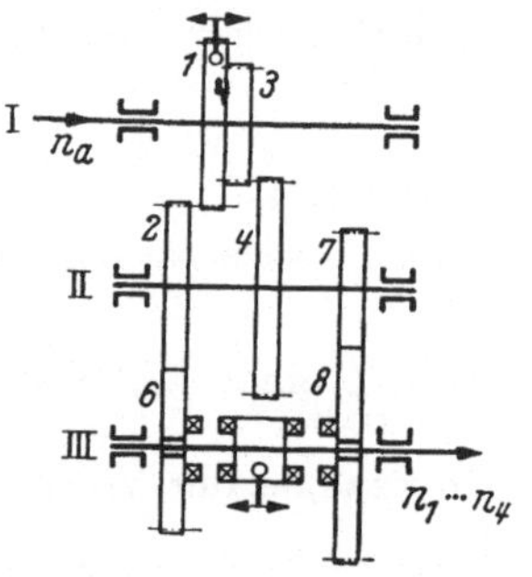

Bild 25. Einfach gebundenes
Dreiwellengetriebe mit vier Stufen

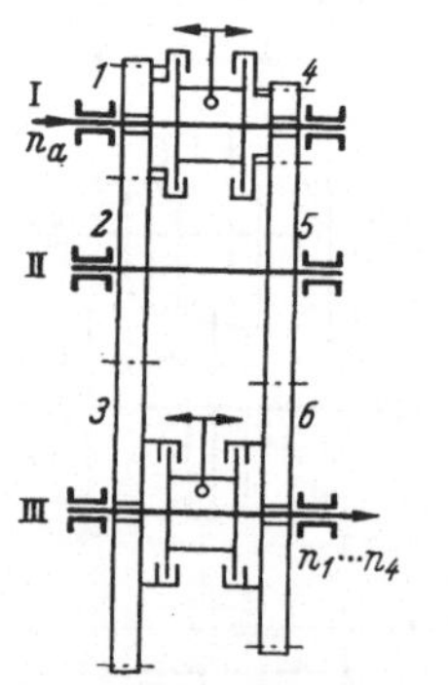

Bild 26. Doppelt gebundenes
Dreiwellengetriebe mit vier Stufen
($\varphi = 1,4$, $t = 2$)

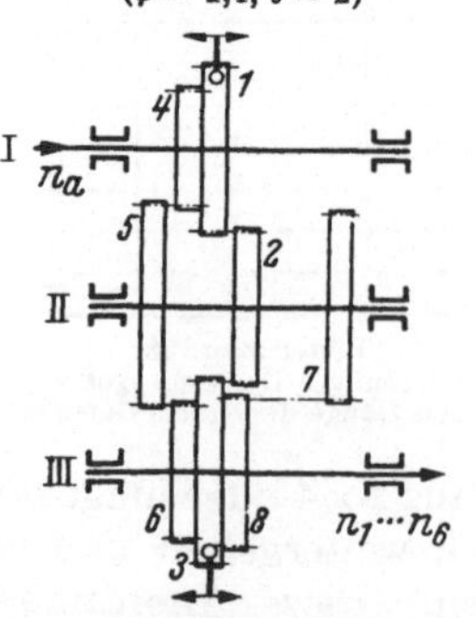

Bild 27. Doppelt gebundenes
Dreiwellengetriebe mit sechs Stufen

getrieben kaum über 9 Drehzahlen geht, für grössere Drehzahlreihen aber andere Lösungen findet.

23. Gebundene Dreiwellengetriebe. Bei der Betrachtung des Bildes 22 liegt der Gedanke nahe, ob nicht Räder gespart werden könnten, wenn die Berechnung so durchgeführt wird, daß Rad 2 gleich Rad 5 und vielleicht Rad 4 gleich Rad 7 würde. Man hätte im ersten Falle ein „einfach gebundenes" Getriebe mit Ersparnis eines Rades (Bild 25), im zweiten Fall ein „doppelt gebundenes" Getriebe mit Ersparnis zweier Räder (Bild 26). Die Schaltungen für das Getriebe nach Bild 25 sind dann sinngemäß nach Bildern 22 und 23 aufzustellen, wobei $z_2 = z_5$ wird. Das Rad 2 des Getriebes gehört also nunmehr zu dem ersten Grundgetriebe und zu dem zweiten.

Noch weiter geht die Bindung bei den Getrieben nach Bild 26. Mit 6 Rädern werden hier 4 Drehzahlen erzeugt. Die Schaltwege gehen über die Räder:

$$n_4: 1-2-5-6; \qquad n_2: 4-5-6$$
$$n_3: 1-2-3; \qquad n_1: 4-5-2-3.$$

Das erste Grundgetriebe besteht aus Rädern $1-2$ und $4-5$, das zweite aus den Rädern $2-3$ und $5-6$. Die Räder 2 und 5 sind also beiden Grundgetrieben gemeinsam.

Das sechsstufige Getriebe in Bild 27 besteht aus einem zweistufigen und einem dreistufigen Grundgetriebe, von denen die Räder 2 und 5 beiden Grundgetrieben angehören. Demnach ist ein vierstufiges doppelt gebundenes Rumpfgetriebe mit den Rädern 1 bis 6 und ein ungebundenes Räderpaar $7-8$ eingebaut. Hier gehen die 6 Schaltwege über die Räder:

$$n_6: 1-2-5-6; \quad n_5: 1-2-7-8; \quad n_4: 1-2-3$$
$$n_3: 4-5-6; \quad n_2: 4-5-7-8; \quad n_1: 4-5-2-3.$$

Ähnlich ist auch der Aufbau des doppeltgebundenen neunstufigen Getriebes, das ein gebundenes Rumpfgetriebe mit den Räderketten $1-2-3$ und $4-5-6$ (wie in Bild 27), zwischen Wellen I und II aber ein ungebundenes Räderpaar $7-8$ und zwischen Wellen II und III die ungebundenen Räder $9-10$ enthält. Die Möglichkeit, doppelt gebundene Getriebe für geometrische Stufung aufzubauen, ist beschränkt. Infolge der großen Zwischenübersetzungen werden die Räder sehr groß, so daß der Gewinn aus der Ersparnis einiger Räder häufig verlorengeht. Getriebe mit 9 Enddrehzahlen sind nur mit den Stufensprüngen 1,12 und 1,25, und nur ein Getriebe mit dem Sprung 1,4 ausführbar.

24. Mehrwellengetriebe. Durch Hintereinanderschalten zweier zweistufiger Grundgetriebe erhielt man ein vierstufiges Dreiwellengetriebe: $2 \cdot 2 = 4$. Entsprechend kann auch dieses Getriebe erweitert werden, wenn man hinter dem vierstufigen Dreiwellengetriebe nochmals ein zweistufiges Grundgetriebe schaltet. Man erhält dann $2 \cdot 2 \cdot 2 = 8$, also ein Vierwellengetriebe mit 8 Enddrehzahlen. Aus den sechsstufigen Dreiwellengetrieben (III/6) ergeben sich durch Zuschalten eines II/2-Getriebes zwölfstufige Vierwellengetriebe (IV/12) mit den Möglichkeiten der Schaltungen $3 \cdot 2 \cdot 2$ oder $2 \cdot 3 \cdot 2$ oder $2 \cdot 2 \cdot 3$. Aus den III/8-Getrieben entstehen IV/16-Getriebe; aus den III/9-Getrieben IV/18-Getriebe usf.

Mit der Erhöhung der Stufenzahl wird bei gleichem Stufensprung der Bereich der Getriebe erweitert. Damit muß aber die

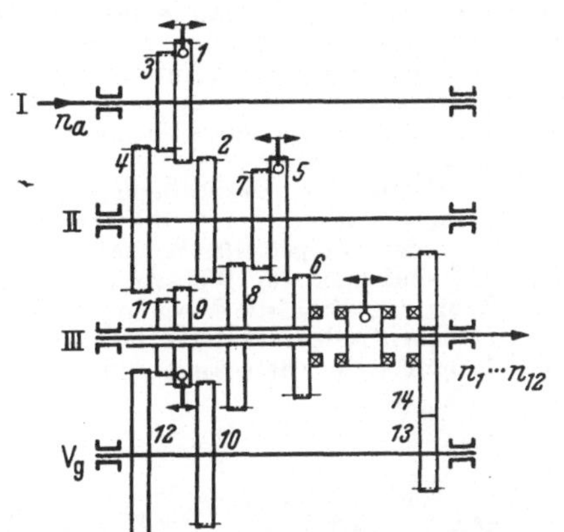

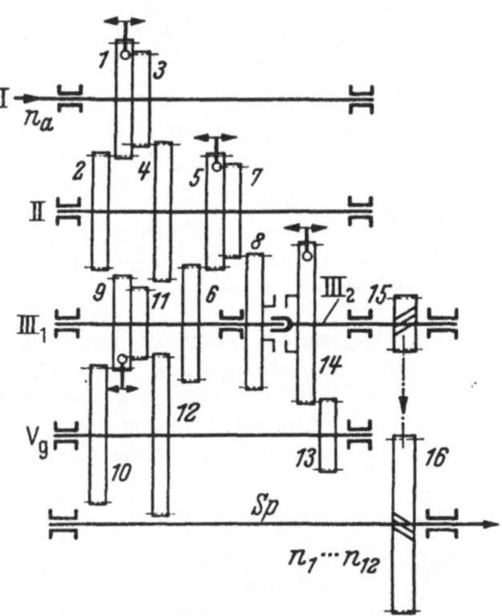

Bild 28. Anhäufung von Buchsen, Kupplungen und Rädern auf der Spindel *III* bei einem Getriebe mit doppeltem Vorgelege

Bild 29. Die Spindel *Sp* trägt nur das Bodenrad *16*

Spanne zwischen den Übersetzungen wachsen. In dem zwölfstufigen Getriebe des Bildes 105, bestehend aus je einem drei-zwei-zweistufigen Grundgetriebe zwischen Wellen *III* bis *VII*, ist die letzte Übersetzung wegen des großen Sprunges auf die Räder *18—19—20—21* aufgeteilt.

Eine andere Erweiterungsmöglichkeit der Zwei- und Dreiwellengetriebe bieten die Vorgelege, die ähnlich wie bei den Stufenscheibengtrieben eingebaut werden. Je nachdem, ob ein einfaches oder doppeltes Vorgelege vorgesehen ist, kann die Zahl der Stufen verdoppelt oder verdreifacht werden. Bild 28 zeigt ein III/4-Getriebe mit doppeltem Vorgelege, also ein Getriebe mit 12 Enddrehzahlen. Nachteilig bei dem Einbau von reinen Vorgelegen sind die notwendigen Buchsen, die den Wirkungsgrad der Getriebe vermindern und den ruhigen Lauf beeinträchtigen. Um diese Buchsen auf der Arbeitsspindel der Werkzeugmaschine zu vermeiden, werden „Bodenräder" eingebaut, d. h. es wird hinter dem eigentlichen Getriebe zur Übertragung auf die Spindel noch ein weiteres Räderpaar oder ein Riementrieb vorgesehen. Der Aufbau des Getriebes nach Bild 28 wäre dann z. B. nach Bild 29 zu ändern. Welle *III* in Bild 28 ist in Bild 29 geteilt ausgeführt (etwa ineinander verbuchst); auf diese Weise sind alle Buchsen vermieden. Kennzeichnend ist bei allen Vorgelegetrieben, daß die Enddrehzahlen des Grundgetriebes — in Bild 28 die Drehzahlen n_{12}, n_{11}, n_{10}, n_9 — auch Enddrehzahlen des Gesamtgetriebes werden. (Die Anordnung des Bodenrades mit einer Übersetzung $\neq 1$ ändert hieran nichts: Das eigentliche Räderwechselgetriebe in Bild 29 ist mit Welle III beendet.)

25. Getriebe mit Windungen und Rückkehr. Um einige Drehzahlen zu erreichen, muß hier die Kraft durch das Getriebe in „Windungen" laufen. In Bild 30 ist ein vierstufiges Getriebe dieser Bauart dargestellt. Die Räder sitzen nicht fest auf der Welle, sondern auf Hülsen, und können durch die Kupplungen k_1 und k_2 mit der Welle verbunden werden. Die Wege für die einzelnen Drehzahlen sind mit den Kupplungsstellungen:

$$n_4: I-k_1-1-2-k_2-II \qquad n_2: I-k_1-H_2-5-6-k_2-II$$

$$n_3: I-k_1-3-4-H_1-k_2-II \qquad n_1: I-k_1-3-4-H_1-2-1-H_2-5-6-k_2-II$$

Dieses vierstufige Getriebe läßt sich erweitern, wenn man noch ein Räderpaar zu dem vorderen hinzufügt.

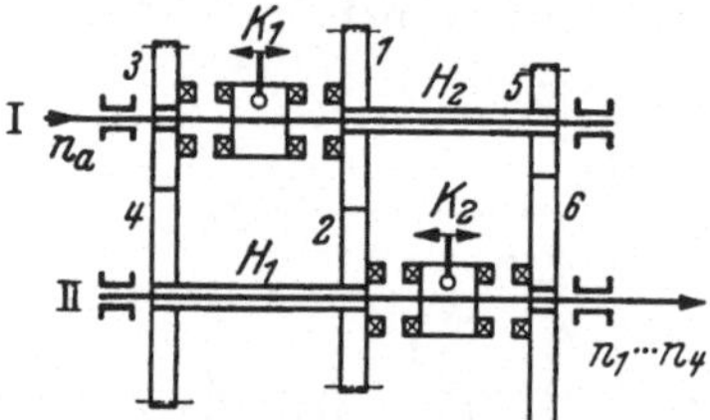

Bild 30. Getriebe mit einem Windungsgang und vier Enddrehzahlen

Ein achtstufiges Getriebe, bei dem mit 8 Rädern 8 Drehzahlen erreicht werden, wird in Bild 31 gezeigt. Die Schaltungen und Wege gehen aus Bild 32 hervor. Getriebe dieser Art werden auch als RUPPERT-Getriebe bezeichnet, wenngleich das eigentliche RUPPERT-Getriebe einen etwas anderen Aufbau zeigt. Erspart werden bei diesen Getrieben Räder. Dieser Vorteil wird jedoch durch einen verwickelten Aufbau und durch eine Anhäufung von Hülsen und Kupplungen erkauft, so daß der Wirkungsgrad der Getriebe sinkt und der Einbau erschwert wird.

Eine andere Form der Dreiwellengetriebe erhält man, wenn man entsprechend Bild 18 wieder zur Ausgangsachse zurückkehrt. Solche Rückkehr- oder *Vorgelegegetriebe* haben durch den Kraftwagen die größte Verbreitung gefunden und sind auch für Werkzeugmaschinen unmittelbar übernommen worden. Man wählt im Kraftwagenbau die Vorgelegeform, um im „direkten" Gang die Bewegung vom Motor zu dem Achsentrieb ohne Räder übertragen zu können. Im allgemeinen werden in diesen Getrieben 3 oder 4 Vorwärtsgänge und ein Rück

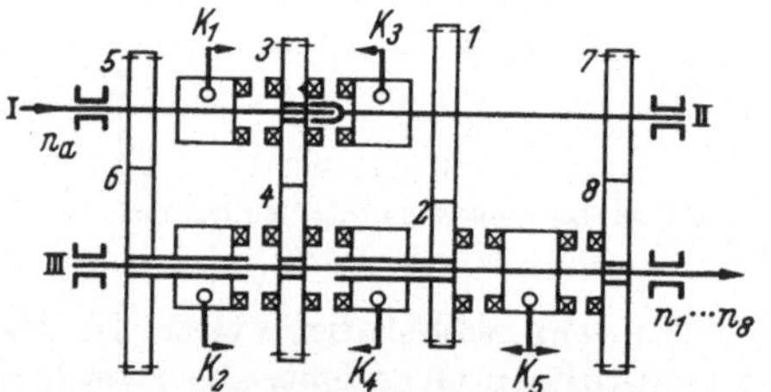

Bild 31. Getriebe mit vier Windungsgängen und acht Enddrehzahlen

n	Räder	K_1 K_2	K_3 K_4	K_5	
n_8	1–2	→∕	←＼	←	
n_7	5–6; 4–3; 1–2	＼→	←＼	←	
n_6	3–4	→∕	∕←	←	
n_5	5–6	＼→	∕←	←	
n_4	7–8	→∕	←＼	→	
n_3	5–6; 4–3; 7–8	＼→	←＼	→	
n_2	3–4; 2–1; 7–8	→∕	∕←	→	
n_1	5–6; 2–1; 7–8	＼→	∕←	→	

Bild 32. Gänge und Schaltungen zu Bild 31

wärtsgang gefordert, d. h. eine der Übersetzungen wird mit 3 Rädern, die übrigen wie sonst mit 2 Rädern ausgeführt. Die gebräuchliche Form eines Vierganggetriebes zeigt Bild 33. Um Buchsen zu vermeiden, wird bei den Getrieben im Kraftwagen die Hauptwelle meist geteilt. Die Schaltungen sind dann folgende:

$$\begin{aligned}
4.\ \text{Gang:}\ & I_1-k-I_2 \quad (\text{k = Kupplung der Räder } 1-4)\\
3.\ \text{Gang:}\ & I_1-1-2-V_g-3-4-I_2\\
2.\ \text{Gang:}\ & I_1-1-2-V_g-5-6-I_2\\
1.\ \text{Gang:}\ & I_1-1-2-V_g-7-8-I_2\\
R.\ \text{Gang:}\ & I_1-1-2-V_g-9-10-8-I_2
\end{aligned}$$

26. Sonderbauformen für Vorschubgetriebe. Aus der Forderung, für kleinere Leistungen auf beschränktem Raum eine größere Anzahl von Stufen unterzubringen, ergeben sich als Vorschubgetriebe einige besondere Bauformen. Bei dem *Ziehkeilgetriebe* Bild 34 kämmen $1-3-5-7-9$ dauernd mit $2-4-6-8-10$. Die Abtriebswelle ist hohl ausgebildet, in ihr ist eine Feder verschiebbar, die jeweils in die Nut des vor ihr stehenden Stirnrades einschnappt. Man spart bei dieser Ausführung bedeutend an Baubreite.

In dem *Schwenkrad-* oder *Nortongetriebe* (Bild 35) ist für die Drehzahlen die Größe des Schwenkrades *11* gleichgültig; der Drehsinn bleibt erhalten. In dem Schwenkradgetriebe kann Rad *12* wahlweise über Zwischenrad *11* in eines der Räder *1, 3, 5, 7, 9* eingelegt werden. Das Schwenkradgetriebe ist also ein Zweiwellengetriebe, in dem $z_2 = z_4 = z_6 = z_8 = z_{10} = z_{12}$ sind.

Häufig eingebaut sind auch die *Vervielfachgetriebe* — auch *Mäandergetriebe* genannt —. Bei diesen Getrieben (Bild 36) sitzt Rad *1* als einziges Rad fest auf der Welle, die übrigen lose, aber immer je zwei auf einer Buchse. Das Getriebe besteht

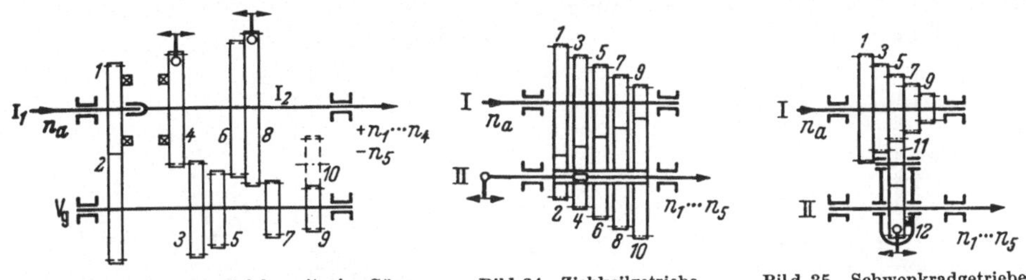

Bild 33. Kraftwagengetriebe mit vier Gängen
(Vorgelege-Bauart und Rückwärtsgang)   Bild 34. Ziehkeilgetriebe   Bild 35. Schwenkradgetriebe
(Norton-Getriebe)

also aus hintereinandergeschalteten Vorgelegen, von denen man durch wahlweises Einlegen der Schwinge mit Rad *8* in *2* oder *3* oder *6* oder *7* einen beliebigen Teil benutzen kann. Führt man nun z. B. die Räder *2, 4, 6* mit 40 Zähnen aus und die Räder *1, 3, 5, 7, 9* mit 20 Zähnen (Rad *8* beliebig als Zwischenrad), so erhält man die Übersetzungen beim Einlegen in

$$\text{Rad } 2: i_4 = 1; \qquad \text{Rad } 6: i_2 = 2 \cdot 2 \cdot 1 = 4;$$
$$\text{Rad } 3: i_3 = 2 \cdot 1 = 2; \qquad \text{Rad } 7: i_1 = 2 \cdot 2 \cdot 2 \cdot 1 = 8.$$

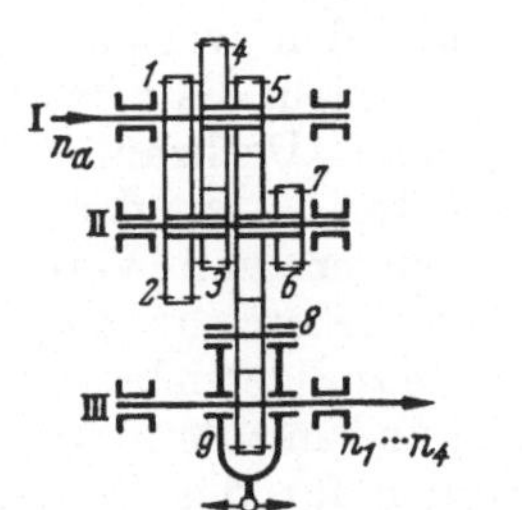 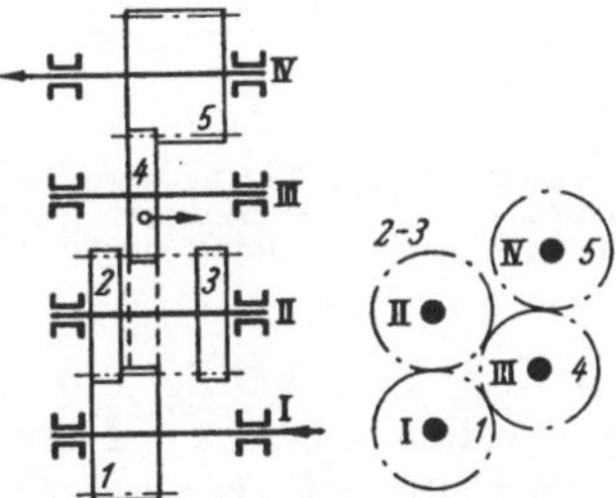 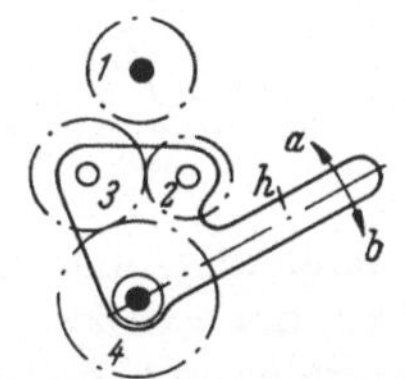

Bild 36. Vervielfachungsgetriebe   Bild 37. Stirnräder-Wendegetriebe.
Gänge: *1—4—5* oder *1—2—3—4—5*   Bild 38. Wendeherz.
Gänge *1—2—3—4* (Stellung *a*)
oder *1—3—4* (Stellung *b*)

Wird $z_1/z_9 = 1:2$ ausgeführt, so erhält man die Übersetzungen 2, 4, 8, 16. Umgekehrt kann man auch ins Schnelle gehen oder auch die Anfangdrehzahl erhöhen und erniedrigen.

Alle beschriebenen Bauformen dieser Vorschubgetriebe sind nur brauchbar, wenn die Leistung klein und die Umfangsgeschwindigkeiten niedrig sind. Bei Schwenkrädern ist der Zahneingriff ungenau, sie verursachen leicht störendes Geräusch.

In Bild 105 ist statt des Schwenkrades ein Verschieberad *72* eingebaut.

27. Zusatzgetriebe werden den Stufengetrieben vor- oder nachgeschaltet oder auch mit dem Stufengetriebe verschachtelt, um die Drehrichtung zu ändern, einen Ausgang zu verzweigen, auch mehrere Ausgänge zu vereinigen, schließlich um den Ein- oder Ausgang in eine andere Ebene umzulenken.

Wendegetriebe werden als *Stirnräderwendegetriebe* gebaut, bei denen im Übergang von der treibenden zur getriebenen Welle einmal ein Räderpaar ohne und ein Räderpaar mit Zwischenrad eingebaut wird (Bild 37). Man kann das Wendegetriebe auch mit ungleichen Übersetzungen in den beiden Gängen ausstatten. Ist dann der Antriebsmotor auch zu wenden, so erhält man bei doppeltem Wenden eine zweite Drehzahlreihe. Früher wurde bei Drehmaschinen häufig das *Wendeherz* eingebaut (Bild 38), ein Schwenkgetriebe mit den daraus sich ergebenden Nachteilen. Bei den *Kegelräderwendegetrieben* (Bild 42) ist mit dem Wenden auch ein Umlenken verbunden.

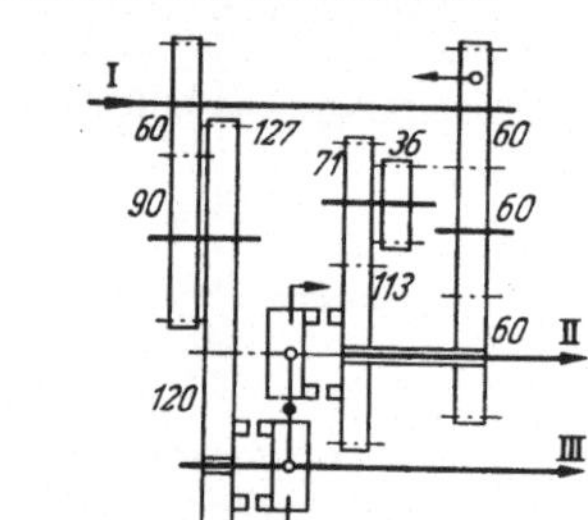

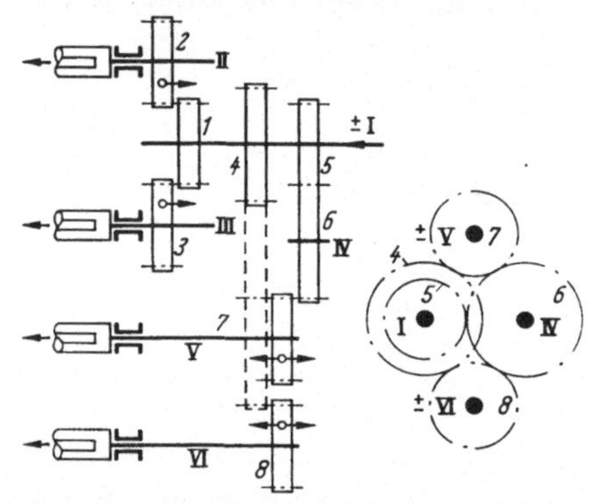

Bild 39. Verzweigungsgetriebe für den Vorschubräderkasten einer Leitspindeldrehmaschine

Bild 40. Verzweigungsgetriebe im Vorschubkasten einer Langhobelmaschine. Antrieb auf Welle *I*; Abtrieb mit *1—2* auf *II*, mit *1—3* auf *III*, mit *4* oder *5—6* über *7—8* auf *V* oder *VI*

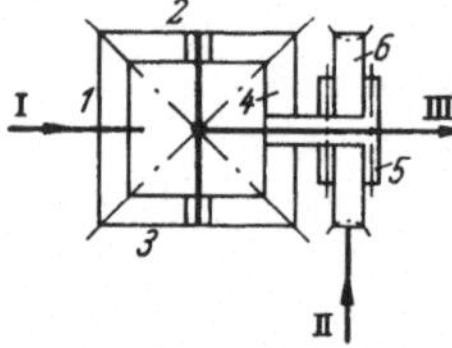

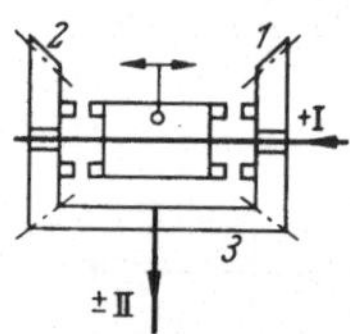

Bild 41. Vereinigung zweier Antriebe *I* und *II*. Von Schneckenachse *II* über *5—6* und von *I* über ein Kegelräderdifferentialgetriebe *1—2—3—4* nach *III*

Bild 42. Kegelräderwendegetriebe *1, 2, 3*; dient auch zum Umlenken um 90°

Verzweigungsgetriebe sind z.B. bei mehrspindligen Bohrmaschinen eingebaut, um den verschiedenen Spindeln die wirtschaftliche Drehzahl zuzuleiten. An den Eingängen von Vorschubgetrieben von Zug- und Leitspindeldrehmaschinen findet man häufig ein Verzweigungsgetriebe ähnlich Bild 39, das auf zwei Abtriebswellen arbeitet (*II* und *III*) und mit dem bei einer Leitspindel mit metrischer Steigung die Eingangsdrehzahlen für das Schneiden metrischer (60/60), Zoll — (60/90) · (127/120) und Modul-Gewinde (60/36) · (71/113) abgestimmt werden. Bild 40 zeigt eine Verzweigung aus dem Vorschubgetriebe einer Langhobelmaschine. Hier zweigen die Antriebe für die Querbalkenbewegungen ab (links—rechts—auf—ab).

Zum **Vereinigen** zweier Getriebezweige benutzt man häufig ein *Differentialgetriebe*. Beispiele hierfür findet man bei Verzahnungsmaschinen und — wie Bild 41 — in Hinterdrehmaschinen. Hier arbeitet beim einfachen Hinterdrehen das Kegelrädergetriebe *1, 2, 3, 4* als Umlaufgetriebe, während Rad *4* durch Schneckentrieb *5—6* festgehalten wird, beim Hinterdrehen von schraubenförmigen Nuten dagegen als Differential, da ihm über ein nichtgezeichnetes Wechselrädergetriebe und *II—5—6* eine zweite Drehzahl zugeleitet wird. Die Drehzahlen der Wellen *I* und *II* ergeben dann die gewünschte Drehzahl von *III*.

Zum **Umlenken** bedient man sich der *Kegelräder* (Bild 42) oder *Schnecken* (Bild 41) und zwar, wenn gleichzeitig die Drehzahl wesentlich verlangsamt werden soll, wie dies in Vorschubgetrieben häufig gefordert wird.

B. Drehzahlverhältnisse in Stufenrädergetrieben

28. Zähnezahlenrechnung. Die Übersetzung eines Räderpaares mit den Zähnezahlen z_1 (treibend) und z_2 (getrieben) wird nach (2) und (3)

$$i = z_2/z_1 = n_1/n_2 .$$

Aus dem durch den Modul m der Stirnräder festgelegtem Teilkreisdurchmesser d_0 folgt der Achsabstand a zu

$$a = (d_{01} + d_{02})/2 = (z_1 + z_2) \cdot m/2 . \tag{20}$$

Bei den Räderwechselgetrieben verbinden mehrere Räderpaare 2 Wellen. Da für alle Räderpaare somit *ein* Achsenabstand gegeben ist, müssen die Zähnezahlen zwei Bedingungen erfüllen: $z_2/z_1 = i$ und $m (z_1 + z_2)/2 = a$. Ergeben sich beim Einhalten dieser Forderungen Übersetzungen, die gegenüber den gestellten Bedingungen zu ungenau sind, so kann man von der gleichen Zähnezahlsumme etwas abweichen und die Stirnräder korrigieren[1]. Das folgende Beispiel soll den Rechnungsgang erläutern.

8. Beispiel. Drei Räderpaare z_2/z_1; z_4/z_3 und z_6/z_5 sollen die Übersetzungen haben: 1:1; 1,4:1 und 2:1. Die Zähnezahlen sind zu ermitteln.

Lösung. Die Übersetzungen werden als Verhältnis angegeben, in dem Zähler oder Nenner 1 ist. Man addiert dann Zähler und Nenner und erhält hier: $s_1 = 2$; $s_2 = 2,4$ und $s_3 = 3$. Nun wird eine Zahsumme S gewählt, die durch die Summenzahlen möglichst fehlerlos teilbar ist, z. B. $S = 72$. So wird hier $S/s_1 = 72/2 = 36$, $S/s_2 = 72/2,4 = 30$, $S/s_3 = 72/3 = 24$. Das sind die Zähnezahlen der kleineren Räder. Das Gegenrad wird durch Subtraktion erhalten: $z_2 = 72 - z_1 = 72 - 36 = 36$; $z_4 = 72 - z_3 = 72 - 30 = 42$ und $z_6 = 72 - z_5 = 72 - 24 = 48$.

In der *Wahl der Zähnezahlen* ist man bei Stufenrädergetrieben an sich frei. Praktisch sind aber eine untere und obere Grenze gegeben, die untere durch den Wellendurchmesser, die obere durch wirtschaftliche Gesichtspunkte. Die kleinste Zähnezahl liegt in Schaltgetrieben etwa bei 21 bis 24 Zähnen, wenn nicht Welle und Rad aus einem Stück gefertigt werden. Die Übersetzungen halten sich in den Grenzen $i = 4:1$ bis $i = 1:2$. Werden größere Übersetzungen ins Langsame als $4:1$ ausgeführt, dann ergeben sich hohe Zähnezahlen und damit große Zahnsummen und Getriebeabmessungen. Für die Darstellung der Normübersetzungen nach Tab. 4 sind die durch 2 und 3 teilbaren Zahlen als Zahnsummen häufig brauchbar, insbesondere $S = 72$, dann aber auch 48, 54, 60, 84, 90, 96 und 108.

Für die Berechnung der Zähnezahlen bei *ungleichen Moduln* muß von dem Achsabstand ausgegangen werden, da die Zahnsummen jetzt verschieden werden (s. Beispiel 9).

9. Beispiel. In Bild 20 soll das Räderpaar *1—2* mit der Übersetzung $i_1 = 2,5$ und dem Modul $m_1 = 3$, das Räderpaar *3—4* mit $i_2 = 3$ und $m_2 = 4$ ausgeführt werden. Die Zähnezahlen sind zu ermitteln, wobei aus baulichen Gründen der Teilkreisdurchmesser von Rad *4*, $d_{04} \geqq 240$ mm sein soll.

		z_1/z_2	z_3/z_4
Übersetzung	i	2,5/1	3/1
Zähler + Nenner	s	3,5	4
Modul	m	3	4
Gewählt	z_{min}		20
Dann wäre	z_4		60
Achsabstand	a_{min}		160
Gewählter Achsabstand[1]	a	168	
Zahnsumme	$S = 2 a/m$	112	84
S/s	e	32	21
Zähnezahlen		32/80	21/63

---

[1] TRIER: Die Zahnform der Zahnräder (Werkstattbücher Heft 47),

[1] $a = 3,5 \cdot 3 \cdot 4 \cdot 4 (= s_1 m_1 s_2 m_2)$, wobei $a \geqq a_{min}$

Lösung. Die Berechnung wird nach dem nebenstehendem Schema ausgeführt. $z_{3\,min}$ wird mit 20 angenommen, damit das Gegenrad _4_ mit wenigstens $3 \cdot 20 = 60$ Zähnen ausgeführt und damit die Bedingung $d_{04} \geqq 60 \cdot 4 = 240$ mm eingehalten wird.

29. Übersetzungen durch Wechselräder müssen entweder genau oder angenähert einem gegebenen Verhältnis entsprechen, wobei die Räder einem vorhandenen Wechselrädersatze zu entnehmen sind. Daß man die Lage der Mittelwelle auf der Schere S (Bild 19) und damit den Achsabstand verändern kann und immer nur ein Räderpaar zwischen den Wellen liegt, vereinfacht die Rechnung. Für den zweifachen Trieb der Wechselräder gilt die Übersetzungs-Gleichung

$$i = \frac{n_I}{n_{III}} = \frac{z_2}{z_1}\,\frac{z_4}{z_3}\,. \tag{23}$$

Man muß jedoch Rücksicht darauf nehmen, daß die Zwischenräder z_2 und z_3 nicht zu groß werden, da sie sonst gegen die festen Wellen stoßen. Zur Kontrolle dient hier die „Aufsteckregel"

$$(z_1 + z_2) \geqq (z_3 + z_x) \quad\text{und}\quad (z_3 + z_4) \geqq (z_2 + z_x) \tag{24}$$

worin die Zähnezahl $z_x > 15$ sein muß. In den folgenden Beispielen werden verschiedene Wege gezeigt, um die verlangte Übersetzung möglichst genau darzustellen. Bei den Berechnungen zerlegt man zunächst die Zahlen in Faktoren, kürzt den Bruch und erweitert dann die Restzahlen auf die vorhandenen Zähnezahlen der Wechselräder[1]. Läßt sich der Genauwert nicht darstellen, so findet man angenäherte Werte durch Probieren mit Hilfe des Rechenschiebers [_12_], nach dem Verfahren des Kettenbruches[2] oder unter Benutzung von Tabellen[3].

10. Beispiel: Vorhandene Wechselräder seien der „5er Satz", kleinstes Rad mit 25, größtes mit 125 Zähnen, steigend von 5 zu 5. Es soll das Verhältnis $V = 195/228$ dargestellt werden.

Lösung. Zerlegen in Faktoren

$$\frac{195}{228} = \frac{3 \cdot 5 \cdot 13}{2 \cdot 2 \cdot 3 \cdot 19} = \frac{5 \cdot 13}{2 \cdot 2 \cdot 19}\,.$$

Erweitern auf vorhandene Zähnezahlen

$$\frac{5 \cdot 13}{2 \cdot 2 \cdot 19} \cdot \frac{10}{10} \cdot \frac{5}{5} = \frac{50 \cdot 65}{40 \cdot 95}\,.$$

11. Beispiel. Wechselrädersatz wie in Beispiel 10. Dargestellt soll werden $V = 31/89$.

Lösung. Beide Zahlen sind Primzahlen, lassen sich also nicht in Faktoren zerlegen. Erweiterung mit 5 ist auch nicht möglich, da dies zu Zahlen über 125 führt. Man stellt auf der oberen Leiter des Rechenschiebers die Zahl 31 ein und darunter auf dem Läufer die Zahl 89. Nun sucht man, ob unter der Zähnezahl eines vorhandenen Rades die Zahl eines anderen steht. Hier würde man finden: 35/100 oder besser 40/115. Genügt diese Näherung nicht, so muß man versuchen, den Bruch durch vier Räder darzustellen, die man durch Probieren findet, oder man verwandelt den Bruch in einen Kettenbruch. Hierbei erhält man:

<table>
<tr><td>

$89 : 31 = 2$
$\quad\ 62$
$31 : 27 = 1$
$\quad\ 27$
$27 : \ 4 = 6$
$\quad\ 24$
$\ 4 : \ 3 = 1$
$\quad\ 3$
$\ 3 : 1 = 3$

</td><td>

Der Kettenbruch lautet demnach:

$$\frac{31}{89} = \cfrac{1}{2 + \cfrac{1}{1 + \cfrac{1}{6 + \cfrac{1}{1 + \cfrac{1}{3}}}}}$$

</td></tr>
</table>

---

[1] Werkstattbuch Heft 4, MAYER, E.: Wechselräderberechnung für Drehbänke. — Ferner Heft 63, BUSCH, E.: Der Dreher als Rechner. Hier auch Näherungsrechnung mit Kettenbruch, Faktorentafel und Rechenschieber.

[2] SCHMUDE, Maschb. 1932, S. 184.

[3] HÜTTE, Hilfstafeln, 6. Aufl. Berlin: Ernst u. Sohn 1951.

Der Bruch wird nun nicht voll rückgewandelt, sondern es wird zunächst das letzte Glied, hier 1/3 fortgestrichen. Man erhält dann die Rückwandlung:

$$\cfrac{1}{2+\cfrac{1}{1+\cfrac{1}{6+\cfrac{1}{1}}}} = \cfrac{1}{2+\cfrac{1}{1+\cfrac{1}{7}}} = \cfrac{1}{2+\cfrac{7}{8}} = \frac{8}{23} \quad \left(\text{allgemein:} \quad \cfrac{1}{a+\cfrac{1}{b+\cfrac{1}{c}}} = \cfrac{1}{a+\cfrac{c}{bc+1}} = \frac{bc+1}{a(bc+1)+c}\right).$$

Wäre nun $8/23 = 40/115$ nicht darstellbar, so müßte man den Kettenbruch noch um ein weiteres Glied kürzen usf. und erhielte:

$$\cfrac{1}{2+\cfrac{1}{1+\cfrac{1}{6}}} = \cfrac{1}{2+\cfrac{6}{7}} = \frac{7}{20}.$$

Nach HÜTTE-Hilfstafeln[1] ist $31/89 = 0{,}34831461$; dagegen $8/23 = 0{,}34782609$ und $7/20 = 0{,}35$. Die Größe des Fehlers entscheidet, welcher Wert gewählt werden kann.

12. Beispiel. Die Übersetzung 4,25 ist durch Wechselräder darzustellen.

Lösung. Es ist meist zweckmäßig den Dezimalbruch auf eine ganze Zahl zu erweitern. Also

$$\frac{4{,}25 \cdot 100}{100} = \frac{425}{100} = \frac{17}{4} = \frac{17 \cdot (5 \cdot 2)}{4 \cdot (5 \cdot 2)} = \frac{85}{40} \cdot \frac{2}{1} = \frac{85}{40} \cdot \frac{90}{45},$$

Kontrolle: $z_1 + z_2 = 125$; $125 \geqq (45 + 15)$; $z_3 + z_4 = 135$; $135 \geqq (85 + 15)$.

13. Beispiel. Die Übersetzung $i = 59/23$ ist darzustellen und der Fehler in der Übersetzung zu ermitteln.

Lösung: Beide Zahlen sind Primzahlen, lassen sich also nicht in Faktoren zerlegen. Man stellt die beiden Zahlen auf dem Rechenschieber ein und sucht nach zwei anderen Zahlen, die eine ähnliche Übersetzung ergeben und findet z.B.

$$\frac{59}{23} \approx \frac{41}{16} \approx \frac{77}{30} \approx \frac{100}{39} \approx \frac{136}{53} \quad \text{usf.}$$

Die Brüche 41/16 und 136/53 sind nicht brauchbar, da sie Primzahlen enthalten, die sich nicht erweitern lassen. Dann ergäbe sich

$$\frac{77}{30} = \frac{7 \cdot 11}{3 \cdot 10} = \frac{7 \cdot (10)}{3 \cdot (10)} \cdot \frac{11 \cdot (5)}{10 \cdot (5)} = \frac{70}{30} \cdot \frac{55}{50}$$

oder

$$\frac{100}{39} = \frac{20 \cdot 5}{13 \cdot 3} = \frac{20 \cdot (5)}{13 \cdot (5)} \cdot \frac{5 \cdot (15)}{3 \cdot (15)} = \frac{100}{65} \cdot \frac{75}{45}.$$

Kontrollen:
$$(70 + 30) \geqq (50 + 15) \quad \text{und} \quad (55 + 50) \geqq (70 + 15);$$
ferner
$$(100 + 65) \geqq (45 + 15) \quad \text{und} \quad (75 + 45) \geqq (100 + 15)$$
ergeben die Ausführbarkeit.

Fehlerberechnung. Der Genauwert ist $59/23 = 2{,}565217$. Der Bruch 77/30 ergibt $2{,}566667$, der Bruch $100/39 = 2{,}564102$. Die Differenz gegen den Wert $59/23$ beträgt demnach $+0{,}001450$ bzw. $-0{,}001115$ ($+$ weil zu groß, $-$ weil zu klein). Die Fehlerrechnung mit dem Rechenschieber ergibt dann im ersten Fall $1{,}450:2{,}565 \approx +0{,}57\ ^0/_{00}$ und bei 100/39 etwa $1{,}115:2{,}565 \approx -0{,}43\ ^0/_{00}$.

Umsteckräder verbinden zwei Wellen mit festem Achsabstand. Bei der Berechnung ist neben der Übersetzung auch die Zähnesummengleichung zu beachten (s. Beispiel 8). Man kann auch Umsteckrädergetriebe mit mehreren nachgeordneten Übersetzungen bauen, also zweifache oder dreifache Triebe. Für die Berechnung solcher Getriebe ergeben sich dann die gleichen Gesetze wie für die Berechnung der

---

[1] s. Anm. 3 S. 24

mehrwelligen Stufenräderwechselgetriebe wie sie in den folgenden Abschnitten abgeleitet werden.

30. Drehzahlberechnung an Grundgetrieben. Ist die Antriebsdrehzahl n_a gegeben, aus der eine Reihe von Abtriebsdrehzahlen erzeugt werden soll, deren größte immer mit n_g bezeichnet sei, so bestehen für die Zähnezahlen der einzelnen Räderpaare die Übersetzungs- und die Summengleichung (unter der Voraussetzung, daß die Räder mit dem gleichen Modul ausgeführt werden). Für ein dreistufiges Getriebe nach Bild 21 verhalten sich demnach: $n_a/n_3 = z_2/z_1$; $n_a/n_2 = z_4/z_3$; $n_a/n_1 = z_6/z_5$ und $z_1 + z_2 = z_3 + z_4 = z_5 + z_6$. Diese Gleichungen sind nur aufzulösen, wenn eine Zähnezahl z.B. z_1 angenommen wird. Für geometrisch gestufte Getriebe besteht jedoch noch die Beziehung $n_2 = n_3/\varphi$ und $n_1 = n_3/\varphi^2$. Mit diesen Werten erhält man $z_4/z_3 = (n_a \cdot \varphi)/n_3$ und $z_6/z_5 = (n_a \cdot \varphi^2)/n_3$. Setzt man das Verhältnis n_a/n_3 oder allgemein das Verhältnis zwischen der Antriebsdrehzahl und der größten Abtriebsdrehzahl des Getriebes

$$n_a/n_g = t = Trieb\ddot{u}bersetzung, \qquad (25)$$

so nehmen die Gleichungen die Form an $z_2/z_1 = t$; $z_4/z_3 = t\varphi$; $z_6/z_5 = t\varphi^2$. Demnach sind in dem Getriebe sämtliche Bedingungen festgelegt, wenn t und φ gegeben sind.

31. Drehzahlbilder, Aufbaunetze, Exponentenschaubilder. Die Gesetzmäßigkeit im Aufbau der Getriebe wird besonders klar, wenn man nach GERMAR [1] das *Drehzahlbild* aufzeichnet. Bei dieser Darstellung werden die Wellen I und II durch logarithmische Leitern in beliebigem Abstand dargestellt, auf denen die Wellendrehzahlen einzutragen sind (Bild 43). Die Abstände n_1 bis n_2, n_2 bis n_3 und n_3 bis n_4 müssen bei geometrisch gestuften Drehzahlen gleich groß sein, und zwar gleich lg φ. Ist also nur die höchste Drehzahl und φ gegeben, so lassen sich die übrigen Drehzahlen schnell finden, wenn man den lg φ in den Stechzirkel nimmt und diese Strecke in der gewünschten Anzahl abträgt.

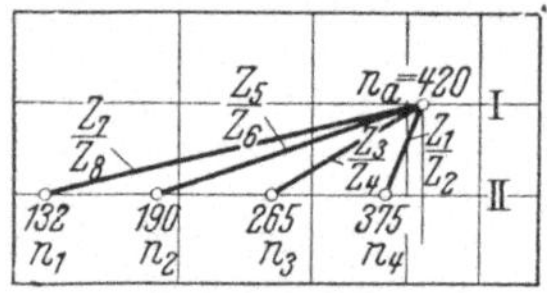
Bild 43. Drehzahlbild für ein Grundgetriebe mit vier Gängen

Verbindet man dann den Punkt n_a auf der treibenden Welle I mit den vier Punkten n_1, n_2, n_3 und n_4 auf der getriebenen Welle II, so stellen diese Verbindungsgeraden die Gänge über die Räder dar. Die Größe der Übersetzung liefert der waagerechte Abstand der Punkte n_1, n_2, n_3, n_4 von dem Punkte n_a. Bei Übersetzungen mit $i > 1$ liegt Abstand nach links, bei $i < 1$ nach rechts (vgl. Abschn. 39, S. 42). Der Punkt n_a wird daher auch zweckmäßig auf Welle II nochmals eingezeichnet. Damit ist die Möglichkeit gegeben, die Getriebe zeichnerisch zu ermitteln. Die Genauigkeit der zeichnerischen Lösung ist hinreichend. Der zeichnerische Weg, der im folgenden noch näher beschrieben wird (s. Beispiele 14 und 15), ist übersichtlich und führt schnell zum Neuentwurf eines Getriebes.

14. Beispiel. Es sind die Übersetzungen für ein vierstufiges Zweiwellengetriebe zu berechnen bei $n_a = 420$, $n_4 = 375$, $\varphi = 1,41$.

Lösung. Die Aufgabe soll zunächst zeichnerisch gelöst werden (Bild 43). Die log. Leiter hat hier für den Abstand 100 bis 1000 die Länge von 50 mm, von der nur ein Teil gezeichnet wurde. Demnach ist der Maßstab lg $\varphi = 0,15 \triangleq 7,5$ mm, da lg $10 = 1 \triangleq 50$ mm. Man zeichnet auf Welle oder log. Leiter I $n_a = 420$ ein, auf Welle II $n_4 = 375$. Nimmt man nun log φ mit 7,5 mm in den Zirkel, so findet man $n_3 = 265$, $n_2 = 188$, $n_1 = 132$. Die waagerechten Abstände liefern dann die Räderverhältnisse: $z_2/z_1 = t = 1,12$; $z_4/z_3 = t\,\varphi = 1,58$; $z_6/z_5 = t\,\varphi^2 = 2,24$; $z_8/z_7 = t\,\varphi^3 = 3,18$.

Für das Berechnen und auch für zeichnerische Verfahren sind die *Exponentenschaubilder* am zweckmäßigsten, da man bei ihnen wie bei den Drehzahlbildern die maßstäbliche Anordnung überblickt. Hier wird lg φ als Zeicheneinheit benutzt und das Schaubild mit dem Exponenten von φ beschriftet. Man benötigt nicht mehr logarithmische Teilungen oder einfach geteiltes log. Papier (Bild 70 und S. 40ff), sondern nur Papier mit beliebiger Gleichschritteilung, z. B. „kariertes" Papier. Bei den folgenden Drehzahlbildern wird daher das log. Netz nicht mehr gezeichnet.

15. Beispiel. Eine geometrisch gestufte Vorschubreihe mit $s = 1$ mm/Umdr. und $\varphi = 1,4$ soll für ein Exponentenschaubild gezeichnet werden.

Lösung. Man zieht eine Gerade und trägt darauf in gleichen Abständen die Vorschübe ab. Der Abstand kann beliebig gewählt werden, hier ist er 12 mm (Bild 44). Der Abstand von Vorschub zu Vorschub mit $\lg \varphi = \lg 1,4 = 0,15$ entspricht hier einer Länge von 12 mm. Demnach ist der Maßstab $0,15 \triangleq 12$ mm und $0,1 \triangleq 8$ mm. Würde nun beim Berechnen des Getriebes z. B. ein Punkt P gefunden, der von 1 einen Abstand von 16 mm hat, so entspräche diesem Abstand ein Wert $0,1 \cdot 16/8 = 0,2$. Aus der Logarithmentafel würde man finden $\lg x = 0,2$ und $x = 1,58 \approx 1,6$. Wird nur mit Normzahlen und Normübersetzungen gerechnet, so erübrigen sich aber solche Maßstabberechnungen.

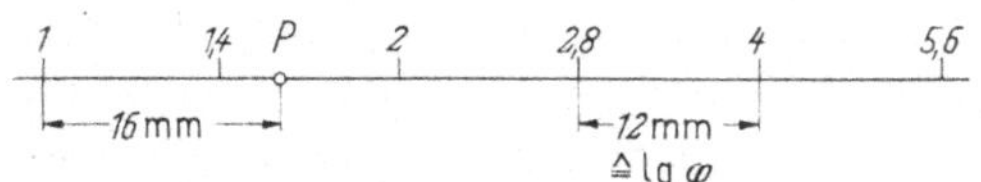

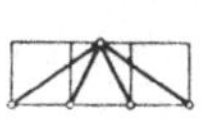

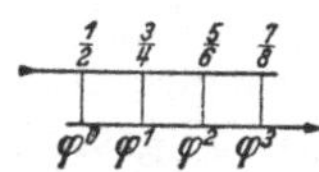

Bild 44. Darstellung einer geometrisch gestuften Vorschubreihe (zu Beispiel 15)

Bild 45. Aufbaunetz zu dem Drehzahlbild Bild 43

Bild 46. Aufbauplan zu einem Grundgetriebe mit vier Stufen wie Bild 43

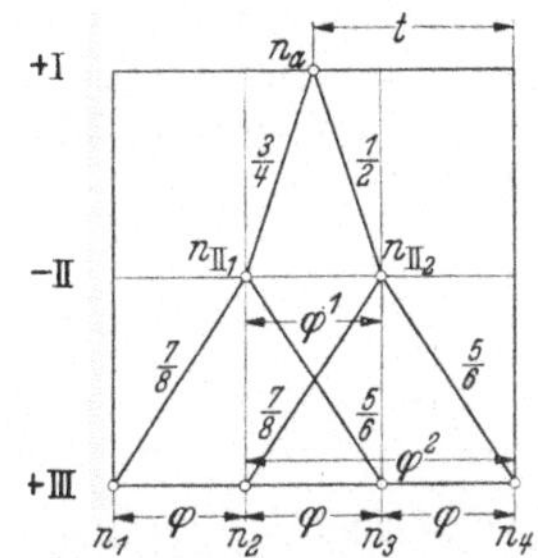

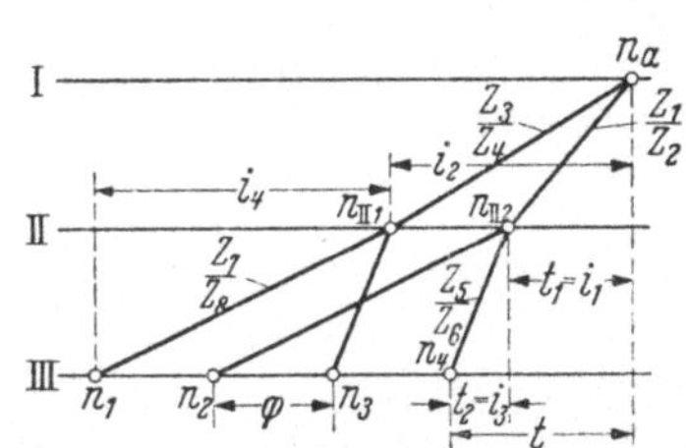

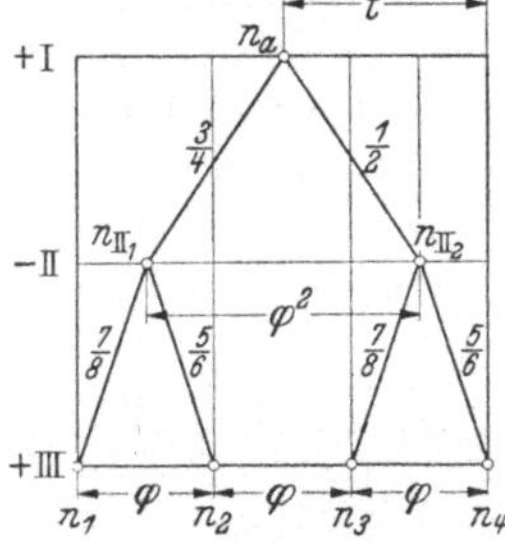

Bild 47. Aufbaunetz für ein Dreiwellengetriebe mit vier Gängen nach Bild 22

Bild 48. Drehzahlbild zu Bild 47

Bild 49. Aufbaunetz für ein Dreiwellengetriebe nach Bild 22

Im Gegensatz zum Drehzahlbild werden bei dem *Aufbaunetz* die Drehzahlen und Übersetzungen nicht größenmäßig, sondern nur in ihrer gesetzmäßigen Abhängigkeit dargestellt, wobei die Waagerechten die Wellen und die Abstände der Senkrechten den Stufensprung angeben. Für das Drehzahlbild Bild 43 zeigt Bild 45 das Aufbaunetz.

Eine andere Darstellungsform sind die *Aufbaupläne* nach BENEDICK[1]. Bild 46 zeigt einen solchen Plan für das Getriebe nach Bild 43. Getriebe mit Normdrehzahlen können hiernach und an Hand von Tabellen berechnet werden: Verfahren von SCHÖPKE-WALLICHS [2], s. auch [4].

32. Berechnen der Dreiwellengetriebe. Zeichnet man zu dem einfachsten Dreiwellengetriebe mit $2 \cdot 2 = 4$ Drehzahlen, Bild 22, das Aufbaunetz, so erhält man Bild 47, indem aus der Antriebsdrehzahl n_a auf Leiter[2] I 2 Drehzahlen auf Leiter II und schließlich die 4 Enddrehzahlen auf Welle III erzeugt werden. Die Lage der Zwischendrehzahl n_{II_1} zu n_{II_2} kann aber nicht beliebig festgelegt werden. Man er-

---

[1] BENEDICK: Theorie und Bestimmung der Zähnezahlen in Getrieben mit geometrisch abgestuften Drehzahlen, Z.VDI 1930, S. 1057.

[2] Die Bezeichnung „Leiter" ist aus des Nomographie übernommen und damit zu begründen, daß die auf diesen waagerechten Linien dargestellten Drehzahlen derselben Übersetzungsstufe meist von links nach rechts ansteigen (vgl. auch z. B. die Bilder 48···52 u. 65).

hält die Berechnungsgleichungen (Bilder 47 u. 48):

$$a)\ \frac{n_a}{n_4} = i_1 \cdot i_3 = \frac{z_2}{z_1} \cdot \frac{z_6}{z_5} = t \qquad\qquad c)\ \frac{n_a}{n_2} = i_1 \cdot i_4 = \frac{z_2}{z_1} \cdot \frac{z_8}{z_7} = t\,\varphi^2$$

$$b)\ \frac{n_a}{n_3} = i_2 \cdot i_3 = \frac{z_4}{z_3} \cdot \frac{z_6}{z_5} = t\,\varphi \qquad\qquad d)\ \frac{n_a}{n_1} = i_2 \cdot i_4 = \frac{z_4}{z_3} \cdot \frac{z_8}{z_7} = t\,\varphi^3$$

dividiert man $i_1 \cdot i_3 = t$ in $i_2 \cdot i_3 = t\,\varphi$, so erhält man $i_2/i_1 = \varphi$.

Auch die Zwischendrehzahlen sind demnach geometrisch gestuft, wobei der Stufensprung eine ganzzahlige Potenz des gegebenen Stufensprunges φ des Gesamtgetriebes ist, im vorstehenden also $\varphi_{II} = \varphi^1$.

Das Aufbaunetz für ein Getriebe nach Bild 22 läßt sich aber auch anders entwerfen (Bild 49). z_5/z_6 und z_7/z_9 überschneiden sich jetzt nicht. Für den Sprung der Zwischendrehzahlen folgt aus

$$a)\ \frac{z_2\,z_6}{z_1\,z_5} = t\,, \qquad b)\ \frac{z_2\,z_8}{z_1\,z_7} = t\,\varphi\,, \qquad c)\ \frac{z_4\,z_6}{z_3\,z_5} = t\,\varphi^2\,, \qquad d)\ \frac{z_4\,z_8}{z_3\,z_7} = t\,\varphi^3$$

durch Division der Gleichung a) durch c) oder b) durch d): $z_1/z_2 = \varphi^2\,z_3/z_4$ d. h. umgekehrt wie bei dem Aufbaunetz Bild 47 sind jetzt die Zwischendrehzahlen mit $\varphi_{II} = \varphi^2$ gestuft. Das zu dem Aufbaunetz Bild 49 gehörige Getriebe zeigt die gleiche Anordnung wie das Getriebe Bild 22, nur daß die Größen der Übersetzungen und damit der Räder andere würden.

Weitere Möglichkeiten für ein vierstufiges Getriebe $4 = 2 \cdot 2$ bestehen nicht. Für die sechsstufigen Getriebe ergeben sich aus dem Zusammenbau eines drei- und eines zweistufigen Grundgetriebes, je nachdem ob das drei- oder zweistufige Getriebe vorgeschaltet ist, also $3 \cdot 2$ oder $2 \cdot 3$, insgesamt vier Möglichkeiten (Bild 50) bei dem neunstufigen nur zwei aus $3 \cdot 3$ (Bild 51) usf.

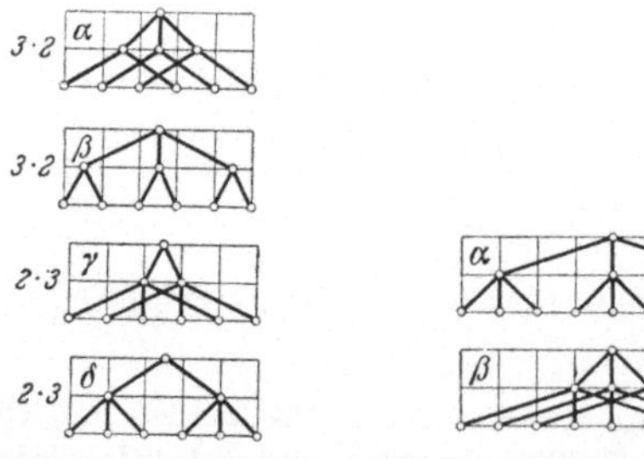

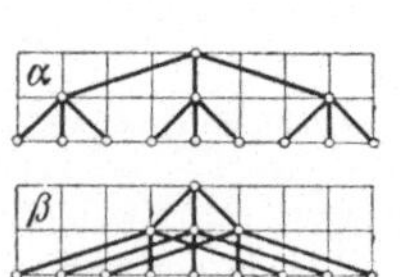

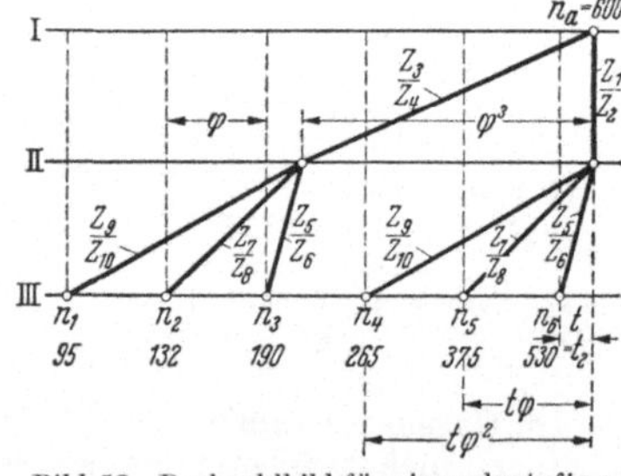

Bild 50. Aufbaunetze für sechsstufige Dreiwellengetriebe   **Bild 51. Aufbaunetze für neunstufige Dreiwellengetriebe**   Bild 52. Drehzahlbild für ein sechsstufiges Dreiwellengetriebe

16. Beispiel. Es sollen die Übersetzungen für ein sechsstufiges Getriebe nach Anordnung δ Bild 50 berechnet werden bei $n_a = 600$, $n_6 = 530$; $\varphi = 1{,}41$.

Lösung. *Ein* Verhältnis muß gewählt werden, damit alle anderen festliegen. Es soll sein $z_1/z_2 = 1$. Um nun die übrigen Verhältnisse für die einzelnen Räderpaare zu finden, stellt man für die verschiedenen Gänge die Gleichungen auf: $\frac{z_1}{z_2} \cdot \frac{z_5}{z_6} = \frac{1}{t}$; da $\frac{z_1}{z_2} = 1$, wird $z_6/z_5 = t = 600/530 = 1{,}13$. Die nächst niedrigere Drehzahl $n_5 = n_6/\varphi$ wird erreicht über $\frac{z_1}{z_2} \cdot \frac{z_7}{z_8} = \frac{1}{t\,\varphi}$, also $\frac{z_7}{z_8} = 1/(1{,}13 \cdot 1{,}41) = 1/1{,}6$; für $n_4 = \frac{n_6}{\varphi^2}$ folgt $\frac{z_1}{z_2} \cdot \frac{z_9}{z_{10}} = \frac{1}{t\,\varphi^2}$, $z_9/z_{10} = 1/(1{,}13 \cdot 2) = 1/2{,}26$.

Die Drehzahl $n_3 = n_6/\varphi^3$ geht über $(z_3/z_4)(z_5/z_6) = 1/t\,\varphi^3$; da $z_5/z_6 = 1/t$, wird $z_3/z_4 = 1/\varphi^3 = 1/2{,}82$. Damit sind alle Übersetzungen bestimmt. Das gleiche Ergebnis erreicht man auf zeichnerischem Wege, Bild 52, das maßstäblich den Aufbau des Getriebes zeigt. Nach Eintragen der Drehzahlen zieht man zunächst für $z_1/z_2 = 1$ die Senkrechte und erhält so die eine Zwischendrehzahl. Diese wird dann mit n_6 verbunden sowie mit n_5 und n_4. Die andere Zwischendrehzahl findet man, indem man rückwärts durch n_3 die Parallele zu z_5/z_6 zieht. Im unteren Teil dieses Bildes sind nochmals zur Verdeutlichung der obigen Rechnung die waagerechten Abstände, d. h. die Übersetzungen eingezeichnet.

Das Gesetz, daß auch die Zwischendrehzahlen geometrisch gestuft sind, wobei der Stufensprung durch eine Potenz des Stufensprunges des Gesamtgetriebes angegeben werden kann, wird hier deutlich.

33. Berechnung gebundener Dreiwellengetriebe in gleicher Weise wie bei freien Getrieben (s. Abschn. 32). Man hat nur zu beachten, daß man nach Wahl einer Zahnsumme für die Räder des ersten Teilgetriebes die Räder des zweiten Getriebes nicht mehr beliebig wählen kann. Die Schwierigkeiten, besonders bei den doppelt gebundenen Getrieben, geeignete Zähnezahlen zu finden, führt oft zu langwierigem Probieren. Zweckmäßiger ist es daher, diese Getriebe mit Gleichungen (26 und 27) zu berechnen. GERMAR [1] entwickelt aus den Gleichungen der Zähneverhältnisse bei vierstufigen doppeltgebundenen Getrieben (Bild 26 mit Aufbaunetz nach Bild 49) für das Zähneverhältnis z_1/z_2 eine Gleichung, die nur t und φ enthält:

$$\frac{z_1}{z_2} = \varphi - \frac{1}{t}\left(1 + \frac{1}{\varphi}\right). \qquad (26)$$

Die übrigen Räder ergeben sich dann aus den Gleichungen:

$$\frac{z_4}{z_5} = \frac{1}{\varphi^2}\cdot\frac{z_1}{z_2}\,; \qquad \frac{z_5}{z_6} = \frac{z_2}{z_1\cdot t}\,; \qquad \frac{z_2}{z_3} = \frac{1}{\varphi}\cdot\frac{z_5}{z_6}\,.$$

Sind demnach bei einem vierstufigen Getriebe t und φ gegeben, so kann man das Verhältnis z_1/z_2 berechnen, wenn man das Getriebe doppelt gebunden ausführen will. Nach Berechnung der übrigen Verhältnisse muß dann eine Zähnezahl angenommen werden, und zwar zweckmäßig die kleinste, hier die des Rades 4, da bei z_4/z_5 die Übersetzung am größten wird.

Es läßt sich aber nicht jedes Getriebe gebunden ausführen. Die Zähnezahlen werden oft zu groß. Nimmt man wie bisher die Werte 4:1 und 1:2 als Grenzübersetzungen an, so lassen sich mit Normübersetzungen nur die vierstufigen Getriebe nach Tab. 9 ausführen.

Ähnlich werden auch die sechsstufigen doppeltgebundenen Getriebe (Bild 27 und Aufbaunetz Bild 53) berechnet. Die Gleichungen lauten hier:

$$\frac{z_1}{z_2} = \varphi\,(\varphi + 1) - \frac{1}{t\,\varphi^2}\frac{(\varphi^3 - 1)}{(\varphi - 1)}\,. \qquad (27)$$

Tabelle 9. *Zähneverhältnisse $V = z_1/z_2$ der ausführbaren doppeltgebundenen vierstufigen Dreiwellengetriebe abhängig von Triebübersetzung t nach Aufbaunetz Bild 49 (Rundwerte)*

t	$\varphi =$			
	1,12	1,25	1,4	1,6
4,5	0,7	—	—	—
4,0	0,65	0,81	—	—
3,55	0,59	0,75	—	—
3,15	0,52	0,69	0,87	—
2,82	0,45	0,62	0,81	—
2,5	0,37	0,54	0,73	0,94
2,24	—	0,46	0,65	0,86
2,0	—	—	0,56	0,77
1,78	—	—	—	0,67

Nach Bild 53 folgt dann für die übrigen Zähneverhältnisse:

$$\frac{z_4}{z_5} = \frac{z_1}{z_2}\cdot\frac{1}{\varphi^3}\,; \qquad \frac{z_5}{z_6} = \frac{1}{t}\cdot\frac{z_2}{z_1}\,; \qquad \frac{z_2}{z_3} = \frac{1}{\varphi^2}\cdot\frac{z_5}{z_6}\,; \qquad \frac{z_7}{z_8} = \frac{1}{\varphi}\cdot\frac{z_5}{z_6}\,.$$

Ausführbare Normgetriebe s. Tab. 10.

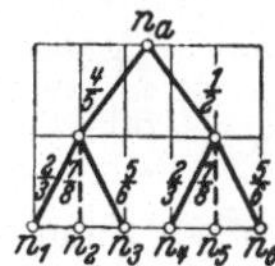

Bild 53. Aufbaunetz für das doppelt gebundene Dreiwellengetriebe mit sechs Gängen

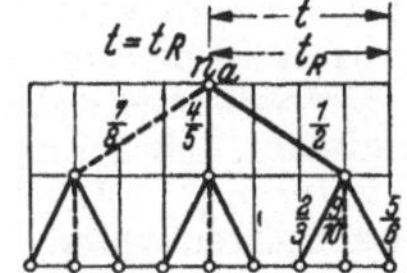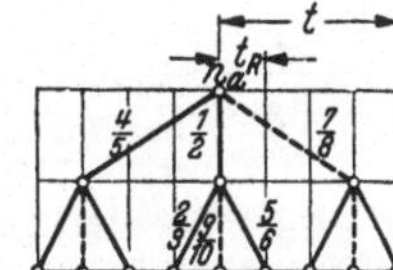

Bild 54 u. 55. Aufbaunetze für doppelt gebundene Dreiwellengetriebe mit neun Gängen

Die Räder *7* und *8* sind ungebunden. Unter Berücksichtigung des Achsabstandes und der Übersetzung kann man ihre Zähnezahlen frei wählen.

Der Aufbau neunstufiger Getriebe ist in den Bildern 54 und 55 gezeigt. Auch hier ist ein gebundenes Rumpfgetriebe mit den Räderketten *1—2—3* und *4—5—6* gegeben. Ungebunden sind die Räder *7—8* und *9—10*. Je nachdem die Räderübersetzung z_8/z_7 zur Erzeugung der niederen (Bild 54) oder der höheren Drehzahlen (Bild 55) benutzt wird, ergeben sich zwei verschiedene Aufbaunetze. In diesen Aufbaunetzen sind die gebundenen Übersetzungen voll, die ungebundenen gestrichelt ausgezogen. Die gebundenen Rumpfgetriebe haben den gleichen Aufbau wie bei den sechsstufigen Getrieben. Die Gleichung (27), wie die Ansätze für die übrigen Räderpaare gelten auch hier, wenn man in Gleichung (27) bei dem Aufbaunetz

Tabelle 10. *Zähneverhältnisse $V = z_1/z_2$ der ausführbaren doppeltgebundenen sechs- und neunstufigen Dreiwellengetriebe, abhängig von Triebübersetzung t, nach Aufbaunetzen Bildern 53···55 (Rundwerte)*

| t | 6stufig | | | | 9stufig | | | | | |
| | $\varphi =$ | | | | Ausf. a | | Ausf. b | | $t = t_R \cdot \varphi^3$ | |
	1,12	1,25	1,4	1,6	1,12	1,25	1,12	1,25	1,12	1,25
2,24	1,18	—	—	—	1,18	—	1,18	—	1,6	—
2	1,03	—	—	—	1,03	—	1,03	—	1,4	—
1,78	0,87	1,48	—	—	0,87	1,48	0,87	—	1,25	—
1,6	0,68	1,31	—	—	0,68	1,31	0,68	—	1,12	—
1,4	0,47	1,12	—	—	—	1,12	0,47	1,12	1,0	0,71
1,25	—	0,9	1,67	—	—	0,9	—	0,9	—	0,63
1,12	—	0,67	1,45	—	—	—	—	0,67	—	0,56
1	—	—	1,22	—	—	—	—	—	—	—
0,89	—	—	0,93	1,82	—	—	—	—	—	—
0,79	—	—	—	1,54	—	—	—	—	—	—
0,71	—	—	—	1,23	—	—	—	—	—	—
0,63	—	—	—	0,74	—	—	—	—	—	—

des Bildes 55 statt der Triebübersetzung t des Gesamtgetriebes die Triebübersetzung t_R des Rumpfgetriebes einsetzt (s. a. Beispiel 18, unten).

Für die Räder z_7/z_8 und z_9/z_{10} folgt aus Bild 54

$$\frac{z_7}{z_8} = \frac{1}{\varphi^3} \cdot \frac{z_4}{z_5} \; ; \qquad \frac{z_9}{z_{10}} = \frac{1}{\varphi} \cdot \frac{z_5}{z_6}$$

und aus Bild 55

$$\frac{z_7}{z_8} = \varphi^3 \cdot \frac{z_1}{z_2} \; ; \qquad \frac{z_9}{z_{10}} = \frac{1}{\varphi} \cdot \frac{z_5}{z_6} \; .$$

Infolge der größeren Übersetzungen sind hier nur noch Normgetriebe mit $\varphi = 1{,}12$, 1,25 und nur ein Getriebe mit $\varphi = 1{,}4$ ausführbar, s. Tabelle 10.

Bei der Berechnung gebundener Getriebe ist das zeichnerische Verfahren nicht brauchbar.

17. Beispiel. Für das Getriebe nach Beispiel 16 sollen die Zähnezahlen so berechnet werden, daß das Getriebe als ein einfach gebundenes ausgeführt wird ($z_2 = z_5$).

Lösung. Es werden zunächst für das erste Grundgetriebe mit den Zahnrädern *1···4* die Zähnezahlen nach linksstehendem Muster bestimmt. Für das zweite Grundgetriebe wird nun $z_2 = z_5 = 44$ Zähne. Aus dem Verhältnis $z_5/z_6 = 1/1{,}13$ folgt dann $z_6 = 1{,}13 \cdot z_5 = 1{,}13 \times 44 \approx 50$. Damit wird die Zahnsumme für das zweite Grundgetriebe $S_2 = 44 + 50 = 94$. Hieraus und aus den Gleichungen für die Zähneverhältnisse können jetzt die Zähnezahlen $z_7 \cdots z_{10}$ (siehe rechtsstehend) bestimmt werden.

$\frac{z_1}{z_2}$	$\frac{z_3}{z_4}$
$\dfrac{1}{1}$	$\dfrac{1}{2,82}$
88	
$\dfrac{44}{44}$	$\dfrac{23}{65}$

$\frac{z_5}{z_6}$	$\frac{z_7}{z_8}$	$\frac{z_9}{z_{10}}$
$\dfrac{1}{1,13}$	$\dfrac{1}{1,6}$	$\dfrac{1}{2,26}$
$\dfrac{44}{50}$	$\dfrac{36}{58}$	$\dfrac{29}{65}$

18. Beispiel. Für ein doppelt gebundenes vierstufiges Dreiwellengetriebe sind die Zähnezahlen zu ermitteln. Es sei $n_a = 1420$ Umdr./min, $n_4 = 710$ Umdr./min, $\varphi = 1{,}4$.

Lösung. Mit den gegebenen Drehzahlen wird $t = 1420/710 = 2$. Nach Tabelle 9 ist das Getriebe ausführbar und man erhält mit $t = 2$ und $\varphi = 1{,}4$ das Verhältnis $z_1/z_2 = 0{,}56 = 1/1{,}79$. Die Nachprüfung mit Gleichung (26) ergäbe

$$\frac{z_1}{z_2} = \varphi - \frac{1}{t}\left(1 + \frac{1}{\varphi}\right) = 1{,}4 - \frac{1}{2}\left(1 + \frac{1}{1{,}4}\right) = 1{,}4 - 1{,}707/2 = 0{,}56 \; .$$

Somit werden die übrigen Zähneverhältnisse

$$\frac{z_4}{z_5} = \frac{1}{\varphi^2} \cdot \frac{z_1}{z_2} = \frac{1}{2} \cdot \frac{1}{1{,}79} = \frac{1}{3{,}58} \; ,$$

$$\frac{z_5}{z_6} = \frac{z_2}{z_1} \cdot \frac{1}{t} = \frac{1{,}79}{2} = 0{,}85 = \frac{1}{1{,}12} \; ,$$

$$\frac{z_2}{z_3} = \frac{1}{\varphi} \cdot \frac{z_5}{z_6} = \frac{1}{1{,}41} \cdot \frac{1}{1{,}12} = \frac{1}{1{,}58} \; .$$

Die größte Übersetzung muß durch z_5/z_4 hergestellt werden. Demnach wird z_4 das kleinste Rad des Getriebes.

Zur Wahl einer geeigneten Zähnezahl diene die Aufstellung:

		18	19	20	21
gewählt:	$z_4 =$	18	19	20	21
dann wird	$z_5 =$	64(,4)[1]	68	71(,6)	75(,2)
gerundet	$z_5 =$	64	68	72	75
$S_1 = z_4 + z_5$	$=$	82	87	92	96
$z_1 = S_1/(1 + 1{,}79)$	$=$	29(,4)[1]	31(,4)	32(,9)	34(,4)
gerundet	$z_1 =$	29	31	33	34
$z_2 = S_1 - z_1$	$z_2 =$	53	56	59	62
Probe $\dfrac{z_1}{z_2}$	$=$	$\dfrac{1}{1{,}86}$	$\dfrac{1}{1{,}805}$	$\dfrac{1}{1{,}79}$	$\dfrac{1}{1{,}82}$
$z_6 = 1{,}12\, z_5$	$=$	71(,6)	76	80(,6)	84
gerundet	$z_6 =$	72	76	81	84
$S_2 = z_5 + z_6$	$=$	136	144	153	159
$z_3 = S_2 - z_2$	$=$	83	88	94	97

[1] Um den Fehler zu verdeutlichen, wird die erste Dezimale mit angegeben!

Gewählt wird die Ausführung mit $z_4 = 19$. Die Kontrolle der erzielten Drehzahlen ergibt dann:

$$n_4 = 1420 \cdot \frac{z_1}{z_2} \cdot \frac{z_5}{z_6} = 1420 \cdot \frac{31}{56} \cdot \frac{68}{76} = 704; \quad \text{Soll: 710, Fehler} - 1\%$$

$$n_3 = 1420 \cdot \frac{z_1}{z_3} = 1420 \cdot \frac{31}{88} = 500; \quad \text{Soll: 500, Fehler} \quad 0\%$$

$$n_2 = 1420 \cdot \frac{z_4}{z_6} = 1420 \cdot \frac{19}{76} = 355; \quad \text{Soll: 355, Fehler} \quad 0\%$$

$$n_1 = 1420 \cdot \frac{z_4}{z_5} \cdot \frac{z_2}{z_3} = 1420 \cdot \frac{19}{68} \cdot \frac{56}{88} = 252; \quad \text{Soll: 250, Fehler } 0{,}8\%$$

19. Beispiel. Es ist ein doppelt gebundenes neunstufiges Dreiwellengetriebe zu berechnen für eine Antriebsdrehzahl $n_a = 1000$ und $n_9 = 710$ Umdr./min. Der Stufensprung sei $\varphi = 1{,}25$.

Lösung. Mit $n_a = 1000$ und $n_9 = 710$ wird die Triebübersetzung $t = 1{,}4$. Nach der Tabelle 10 ist das Getriebe ausführbar und zwar mit beiden Aufbaunetzen a) und b). Das gebundene Rumpfgetriebe ist in beiden Ausführungen gleich mit $z_1/z_2 = 1{,}12$ (s. Tabelle 10). Zur Kontrolle soll mit Gleichung (27) nachgeprüft werden, wobei mit den Genauwerten gerechnet wird:

$$\frac{z_1}{z_2} = \varphi\,(\varphi + 1) - \frac{1}{t\,\varphi^2} \frac{(\varphi^3 - 1)}{(\varphi - 1)} = 1{,}26 \cdot 2{,}26 - \frac{1}{1{,}41 \cdot 1{,}59} \cdot \frac{2 - 1}{1{,}26 - 1}$$

$$= 2{,}84 - \frac{1}{2{,}24} \cdot \frac{1}{0{,}26} = 2{,}84 - 1{,}72 = 1{,}12$$

Dann ergibt sich für die übrigen Räderpaare:

$$\frac{z_4}{z_5} = \frac{z_1}{z_2} \cdot \frac{1}{\varphi^3} = \frac{1{,}12}{2} = \frac{1}{1{,}78} \quad \text{und} \quad \frac{z_5}{z_6} = \frac{1}{t} \cdot \frac{z_2}{z_1} = \frac{1}{1{,}41} \cdot \frac{1}{1{,}12} = \frac{1}{1{,}58}$$

ferner

$$\frac{z_2}{z_3} = \frac{1}{\varphi^2} \cdot \frac{z_5}{z_6} = \frac{1}{1{,}58} \cdot \frac{1}{1{,}58} = \frac{1}{2{,}51}$$

bei Ausführung a)

$$\frac{z_7}{z_8} = \frac{z_4}{z_5} \cdot \frac{1}{\varphi^3} = \frac{1}{1{,}78} \cdot \frac{1}{2} = \frac{1}{3{,}55} \qquad \frac{z_9}{z_{10}} = \frac{z_5}{z_6} \cdot \frac{1}{\varphi} = \frac{1}{1{,}58} \cdot \frac{1}{1{,}25} = \frac{1}{2}$$

bei Ausführung b)

$$\frac{z_7}{z_8} = \frac{z_1}{z_2} \cdot \frac{\varphi^3}{1} = \frac{1,12}{1} \cdot \frac{2}{1} = \frac{2,24}{1} \qquad \frac{z_9}{z_{10}} \text{ wie bei Ausführung a)}$$

Die Zähnezahlen werden dann ähnlich wie im Beispiel 18 bestimmt. Hier sei nur Ausführung a) dargestellt mit dem kleinsten Rad z_7 und seiner Zähnezahl 20. Man erhält

α) zwischen Wellen I und II; β) zwischen Wellen II und III

$\frac{z_7}{z_8}$	$\frac{z_1}{z_2}$	$\frac{z_4}{z_5}$		$\frac{z_3}{z_3}$	$\frac{z_5}{z_6}$	$\frac{z_9}{z_{10}}$
$\frac{1}{3,55}$	$\frac{1,12}{1}$	$\frac{1}{1,78}$	Verhältnis	$\frac{1}{2,51}$	$\frac{1}{1,58}$	$\frac{1}{2}$
$\frac{20}{71}$	$\frac{48}{43}$	$\frac{33}{58}$	Zähnezahlen	$\frac{43}{107}$	$\frac{58}{92}$	$\frac{50}{100}$
91	91	91	Zähnesumme	150	150	150

Eine Kontrolle der Drehzahlen ergäbe folgendes Schema

$$n_9 \Bigg\} \qquad \qquad \qquad \left\{ \frac{58}{92} \approx 706 \quad \text{Soll: } 710 \quad \text{Fehler} \approx -0,5\% \right.$$

$$n_8 \Bigg\} \; 1000 \cdot \frac{48}{43} \approx 1120 \; \left\{ \frac{50}{100} \approx 560 \qquad \qquad 560 \qquad \qquad 0\% \right.$$

$$n_7 \Bigg\} \qquad \qquad \qquad \left\{ \frac{43}{107} \approx 450 \qquad \qquad 450 \qquad \qquad 0\% \right.$$

$$n_6 \Bigg\} \qquad \qquad \qquad \left\{ \frac{58}{92} \approx 359 \qquad \qquad 355 \qquad \qquad +1\% \right.$$

$$n_5 \Bigg\} \; 1000 \cdot \frac{33}{58} \approx 570 \; \left\{ \frac{50}{100} \approx 285 \qquad \qquad 280 \qquad \qquad +2\% \right.$$

$$n_4 \Bigg\} \qquad \qquad \qquad \left\{ \frac{43}{107} \approx 228 \qquad \qquad 224 \qquad \qquad +2\% \right.$$

$$n_3 \Bigg\} \qquad \qquad \qquad \left\{ \frac{58}{92} \approx 178 \qquad \qquad 180 \qquad \qquad -1\% \right.$$

$$n_2 \Bigg\} \; 1000 \cdot \frac{20}{71} \approx 282 \; \left\{ \frac{50}{100} \approx 141 \qquad \qquad 140 \qquad \qquad +0,7\% \right.$$

$$n_1 \Bigg\} \qquad \qquad \qquad \left\{ \frac{43}{107} \approx 113 \qquad \qquad 112 \qquad \qquad +1\% \right.$$

Man wird bei diesen Berechnungen die Zahlen immer etwas abgleichen müssen.

34. Berechnen der Mehrwellengetriebe. In Bild 56 sind die möglichen Aufbaunetze mit 8 Enddrehzahlen gezeichnet. Entsprechend ergeben sich die Aufbaunetze der zwölf- und mehrstufigen Getriebe. Für die Berechnung sind an Hand der Wege des Aufbaunetzes die Gleichungen aufzustellen. Die Ausführungsmöglichkeit dieser Getriebe ist wegen der großen Spanne zwischen den Übersetzungen begrenzt.

Da der zu überspannende Bereich nur etwa 8 sein kann — wegen Grenzübersetzungen $1:2$ und 4 —, folgt hieraus, daß die Größe von φ begrenzt ist; max φ wird aber nur erreicht bei der günstigsten Lage der Antriebsdrehzahl. Will man diese Getriebe mit einem größeren Stufensprung ausführen oder aber liegt — was meist der Fall ist — die Antriebsdrehzahl ungünstig, so muß man die fraglichen Übersetzungen nicht aus 2, sondern aus 4 Rädern ausführen. Dadurch wird der Bereich der Getriebe bedeutend erweitert. Bei der Zufügung eines weiteren Räderpaares ist auf den Drehsinn zu achten. In dem in Beispiel 20 behandelten

Getriebe muß z. B. ein Zwischenrad eingeschaltet werden. Ein anderer Weg, die große Übersetzung zu überbrücken, besteht darin, daß Vorgelege oder Windungsstufen eingebaut werden (vgl. Beispiel 22).

20. Beispiel. Es sind die Übersetzungen eines IV/12-Getriebes zu berechnen. $n_a = 710$, $n_{12} = 710$, $\varphi = 1{,}4$.

Lösung. Der Aufbau dieses Getriebes bestehe aus einem III/6-Getriebe, dessen Enddrehzahlen durch ein II/2 verdoppelt werden.

Zur rechnerischen Lösung wird das gewählte Aufbaunetz des Getriebes gezeichnet (Bild 57). Es ergeben sich dann für den vorliegenden Fall die Gleichungen (in anderer Schreibweise):

$$
\begin{array}{llll}
n_{12}: & \text{a)} & \left.\dfrac{z_2}{z_1}\right\} & \\
n_{11}: & \text{b)} & \left.\dfrac{z_4}{z_3}\right\} \dfrac{z_6}{z_5} & = t\,\varphi, \\[2em]
n_{10}: & \text{c)} & \left.\dfrac{z_2}{z_1}\right\} & = t\,\varphi^2, \\
n_9: & \text{d)} & \left.\dfrac{z_4}{z_3}\right\} \dfrac{z_8}{z_7} \dfrac{z_{12}}{z_{11}} & = t\,\varphi^3, \\[2em]
n_7: & \text{e)} & \left.\dfrac{z_2}{z_1}\right\} & = t\,\varphi^4, \\
n_8: & \text{f)} & \left.\dfrac{z_4}{z_3}\right\} \dfrac{z_{10}}{z_9} & = t\,\varphi^5,
\end{array}
\qquad
\begin{array}{llll}
n_6: & \text{g)} & \left.\dfrac{z_2}{z_1}\right\} & = t\,\varphi^6, \\
n_5: & \text{h)} & \left.\dfrac{z_4}{z_3}\right\} \dfrac{z_6}{z_5} & = t\,\varphi^7, \\[2em]
n_4: & \text{i)} & \left.\dfrac{z_2}{z_1}\right\} & = t\,\varphi^8, \\
n_3: & \text{k)} & \left.\dfrac{z_4}{z_3}\right\} \dfrac{z_8}{z_7} \dfrac{z_{14}\,z_{17}}{z_{13}\,z_{15}} & = t\,\varphi^9, \\[2em]
n_2: & \text{l)} & \left.\dfrac{z_2}{z_1}\right\} & = t\,\varphi^{10}, \\
n_1: & \text{m)} & \left.\dfrac{z_4}{z_3}\right\} \dfrac{z_{10}}{z_9} & = t\,\varphi^{11}.
\end{array}
$$

Nach Aufstellen der Gleichungen wird t errechnet, hier $t = 1$. Zwei Übersetzungen können dann gewählt werden, die übrigen folgen aus den Gleichungen. Meist wird man die Übersetzungen wählen, die am größten werden, um nicht die Grenzwerte zu überschreiten. Hier wurde, um eine Übersetzung ins Schnelle zu vermeiden, gewählt $z_2/z_1 = 1$ und $z_6/z_5 = 1$.

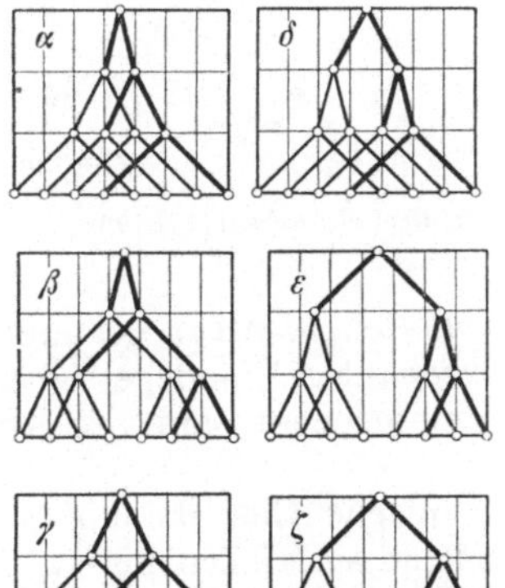

Dann folgt aus Gleichung a) $z_{12}/z_{11} = 1$; aus b) $z_4/z_3 = t\varphi = 1{,}41$; c) $z_8/z_7 = t\,\varphi^2 = 2$ und aus e) $z_{11}/z_{12} = t\,\varphi^4 = 4$. Das letzte Räderverhältnis erhält man aus g) $(z_{14}/z_{13}) \cdot (z_{17}/z_{15}) = t\,\varphi^6 = 8$. Dieses Räderverhältnis kann auf $13-14$ und $15-17$ nach Maßgabe der baulichen Erfordernisse aufgeteilt werden. Wegen des Drehsinnes muß ein Zwischenrad 16 eingefügt werden, wodurch die Übersetzung nicht verändert wird. Es kann zwischen $11-12$ oder $13-14$ oder $15-17$ liegen.

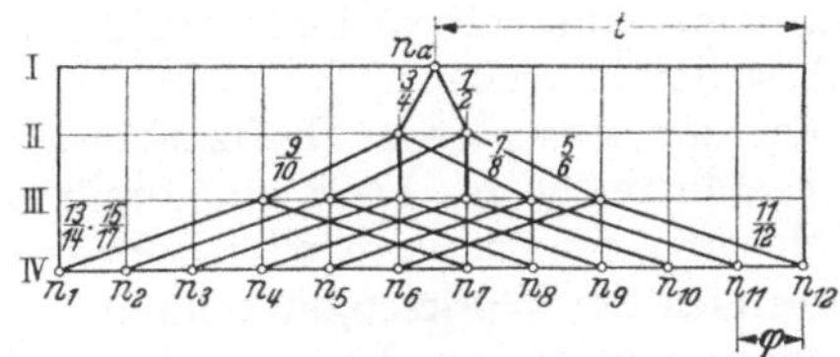

Bild 56. Aufbaunetze für achtstufige Vierwellengetriebe

Bild 57. Aufbaunetz des zwölfstufigen Vierwellengetriebes zum Beispiel 20

35. Rädergetriebe für veränderliche Antriebsdrehzahlen. Wird nicht mit einer gleichbleibenden, sondern mit veränderlicher Drehzahl angetrieben, so sind für den Aufbau nachgeschalteter Räderwechseltriebe einige Gesichtspunkte zu beachten. Als Antriebsarten kommen hier solche in Frage, die mehrere bestimmte Drehzahlen zulassen, z. B. polumschaltbare Drehstrommotoren mit 1500/3000 Umdrehungen, oder aber solche, die innerhalb eines Bereiches das Einschalten jeder beliebigen Drehzahl gestatten, z. B. Elektromotore mit veränderlicher Abtriebsdrehzahl, Reibgetriebe, Zugmittelgetriebe, Flüssigkeitsgetriebe usf. Das nachgeschaltete Getriebe muß so entworfen werden, daß im ersten Falle eine fortlaufende geometrische Reihe entsteht, während im zweiten Fall innerhalb des Maschinendrehzahlbereiches B_{Ma} jede Drehzahl einstellbar sein soll.

Sind im ersten Fall die Antriebsdrehzahlen z. B. 710/1420, also $n_{a_1} = 710$ und $n_{a_2} = 1420$, so muß $n_{a_2} = \varphi^s\, n_{a_1}$ oder $\varphi^s = n_{a_2}/n_{a_1}$ gewählt werden. Es würde also $\varphi^s = 1420/710 = 2$.

Der Exponent s kann nun gewählt werden: bei $s = 1$ würde $\varphi = \sqrt[1]{2} = 2$, bei $s = 2$ dagegen $\varphi = \sqrt[2]{2} = 1{,}4$, bei $s = 3$ schließlich $\varphi = \sqrt[3]{2} = 1{,}25$ usf. Die Gangzahl g wird dann ein Vielfaches von $2\,s$, wenn sich keine Drehzahl überlagert und die höchstmögliche Gangzahl erzeugt wird. Sind bei den obigen Antriebsdrehzahlen 8 Enddrehzahlen gefordert mit $n_8 = 1000$ und $\varphi = 1{,}4$, so wäre die Drehzahlreihe:

aus n_{a_2}: $\quad n_8 = 1000$; $\quad n_7 = 710$; $\quad\quad n_4 = 250$; $\quad n_3 = 180$;

aus n_{a_1}: $\quad n_6 = 500$; $\quad n_5 = 355$; $\quad\quad n_2 = 125$; $\quad n_1 = 90$.

Da nun $n_{a_2}/n_{a_1} = 1420/710 = 2 = \varphi^2$ ist, so muß das Getriebe so entworfen sein, daß die Antriebsdrehzahl $n_{a_2} = 1420$ die Drehzahlen $n_8 - n_7 - n_4 - n_3$ erzeugt. Wird dann die Antriebsdrehzahl $n_{a_1} = 710$ eingeschaltet, so entstehen aus diesen Drehzahlen die Stufen $n_6 - n_5 - n_2 - n_1$, denn $n_6 = n_8/\varphi^2$, $n_5 = n_7/\varphi^2$. Bild 58 zeigt ein Drehzahlbild dieses Getriebes, wobei das ausgezogene Netz bei $n_{a_2} = 1420$ und das gestrichelte bei $n_{a_1} = 710$ erzeugt wird.

Wäre bei den gleichen Antriebsdrehzahlen $\varphi = 1{,}25$ gewählt worden und wären 12 Drehzahlen gefordert, $n_{12} = 900$, so würde die Reihe:

aus n_{a_2}: $\quad n_{12} = 900$; $\quad n_{11} = 710$; $\quad n_{10} = 560$; $\quad\quad n_6 = 224$; $\quad n_5 = 180$; $\quad n_4 = 140$;

aus n_{a_1}: $\quad n_9 = 450$; $\quad n_8 = 355$; $\quad n_7 = 280$; $\quad\quad n_3 = 112$; $\quad n_2 = 90$; $\quad n_1 = 71$.

Die oberen Drehzahlen erzeugt n_{a_2}, die unteren n_{a_1}, da $n_9 = n_{12}/\varphi^3$ usf. ist. In den Getrieben dieser Art ergeben sich dann oft große Sprünge, die mit einem Räderpaar nicht zu überbrücken sind.

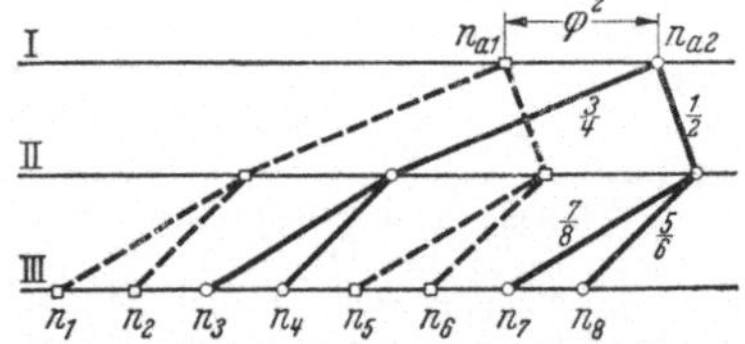

Bild 58. Drehzahlbild eines vierstufigen Dreiwellengetriebes mit zwei Antriebsdrehzahlen

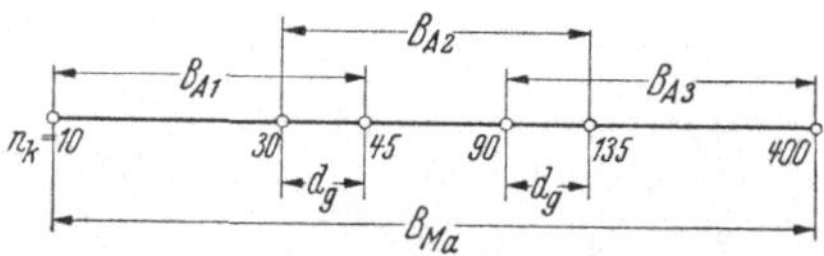

Bild 59. Stufenlose Drehzahländerung mit Überdeckungen

Neben der Drehzahl kann am Antriebsmotor auch oft der *Drehsinn* geändert werden. Durch Verbindung mit Vorgelegen bzw. mit vorgebauten Wendegetrieben kann man dann mit verhältnismäßig wenigen Rädern eine größere Zahl von Abtriebsstufen erreichen.

Bei der stufenlosen Drehzahländerung durch mechanische Getriebe können Drehzahlbereiche B_A bis 8 eingestellt werden; bei Flüssigkeitsgetrieben bis ~ 10, bei Motoren mit Leonard- oder Röhrensteuerung bis ~ 20 und größer. Da der Drehzahlbereich der Werkzeugmaschinen B_{Ma} meist größer ist, muß ein Räderwechselgetriebe eingebaut werden. Die Zahl der nötigen Gänge g bestimmt sich dann nach

$$g = \lg B_{Ma}/\lg B_A. \tag{28}$$

Ist z. B. $B_{Ma} = 64$ und der Drehzahlbereich des veränderlichen Antriebes $B_A = 4$, so wird $g = 1{,}806/0{,}602 = 3$, also 3 Gänge. Ist die höchste Drehzahl $n_g = 1000$, so muß die kleinste $n_k = 1000/64 \approx 16$ sein. Das Getriebe ließe sich verstellen von 1000 auf 250 U/min $\,\triangleq\,$ 1. Stufe, von 250 auf 63 U/min $\,\triangleq\,$ 2. Stufe und schließlich von 63 auf 16 U/min $\,\triangleq\,$ 3. Stufe.

Oft wird jedoch eine Überdeckung der einzelnen Drehzahlbereiche verlangt. Bezeichnet man die Überdeckung mit d_g, so wird nun die Gangzahl

$$g = \frac{\lg B_{Ma} - \lg d_g}{\lg B_A - \lg d_g}. \tag{29}$$

Ist z. B. bei einer Werkzeugmaschine $B_{MA} = 40$ und $B_A = 4{,}5$, die Überdeckung $d_g = 1{,}5$, so wird $g = (1{,}602 - 0{,}176)/(0{,}653 - 0{,}176) \approx 3$. Bild 59 zeigt, daß die erste Stufe den Bereich der Drehzahlen $10\cdots45$ überspannt, die zweite Stufe $30\cdots135$, die dritte $90\cdots400$. Die Drehzahlen $37\cdots45$ und $90\cdots135$ sind überdeckt, und die Überdeckung ist $d_g = 45/30 = 135/90 = 1{,}5$.

21. **Beispiel.** Für eine Drehmaschine soll der Hauptantrieb ermittelt werden. Die kleinere Maschine soll durch einen polumschaltbaren Motor angetrieben werden, dessen Lastdrehzahlen 1420, 950, 710 Umdr./min sind. Die höchste Drehzahl der Arbeitsspindel sei $n_{12} = 1420$ Umdr./min, der Stufensprung $\varphi = 1{,}4$.

Lösung. Die Drehzahlen des Antriebsmotors entsprechen der Normreihe, wobei nur die Drehzahl 950 herausfällt (950 statt 1000). Es wird hier also $n_{12} = n_{a3} = 1420$, $n_{11} = n_{a2} = 950$ und $n_{10} = n_{a1} = 710$. Die nächst niedrige Drehzahl n_9 muß dann durch eine Getriebeübersetzung $n_{12}/n_9 = n_1 \varphi^{11}/(n_1 \varphi^8) = \varphi^3$ gewonnen werden. Demnach ergibt sich folgende Aufstellung:

$$\text{aus } n_{a3} \text{ werden abgeleitet: } n_{12} - n_9 - n_6 - n_3$$
$$\text{aus } n_{a2} \text{ werden abgeleitet: } n_{11} - n_8 - n_5 - n_2$$
$$\text{aus } n_{a1} \text{ werden abgeleitet: } n_{10} - n_7 - n_4 - n_1$$

In dem Rädergetriebe müssen dann folgende Gesamtübersetzungen vorgesehen werden:

$$n_{12}/n_9 = n_1 \varphi^{11}/(n_1 \cdot \varphi^8) = \varphi^3 = 2{,}8 \qquad \text{(siehe Tabelle 4!)}$$
$$n_{12}/n_6 = n_1 \varphi^{11}/(n_1 \cdot \varphi^6) = \varphi^6 = 8$$
$$n_{12}/n_3 = n_1 \varphi^{11}/(n_1 \cdot \varphi^2) = \varphi^9 = 22{,}4 = 2{,}8 \cdot 8 \; .$$

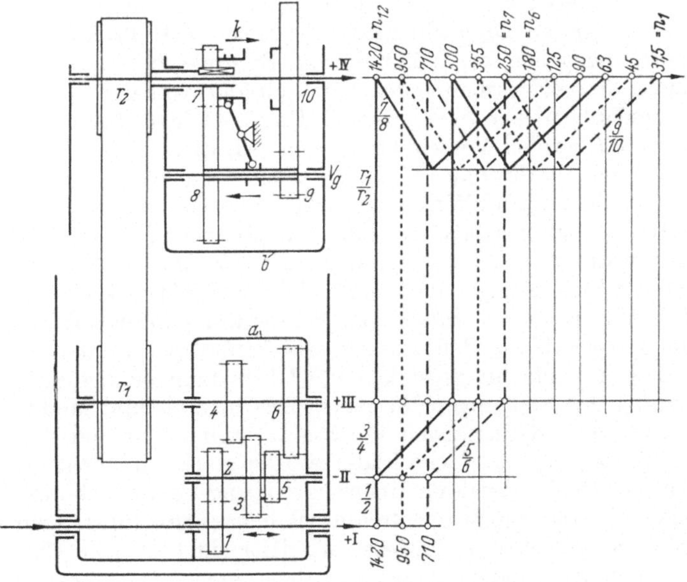

Derartig große Übersetzungen lassen sich am zweckmäßigsten mit Hilfe von Vorgelegen erreichen. Nach Bild 60 wird das Getriebe in ein zweistufiges Grundgetriebe mit den Übersetzungen 1 und 2,8 und ein Vorgelege mit der Übersetzung 8 aufgeteilt. Hierbei könnte dann das zweistufige Getriebe im Fuß der Drehmaschine untergebracht werden, wo auch der große Motor Platz

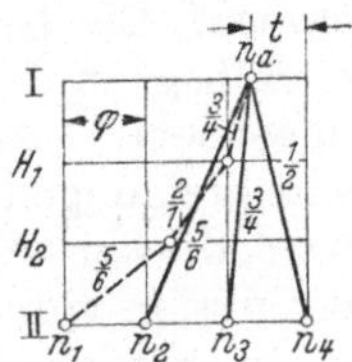

Bild 60. Stufenrädergetriebe für eine Drehmaschine bei Antrieb durch einen polumschaltbaren Motor (zu Beispiel 21). *a* Gehäuse des Fußgetriebes, schwenkbar um die Motorachse *I*, *b* Gehäuse des Spindelstockgetriebes

Bild 61. Drehzahlbild für vierstufiges Getriebe mit einem Windungsgang nach Bild 30

findet, während im Spindelstock nur das Vorgelege eingebaut wird. Das Gehäuse *a* des Fußgetriebes ist um die Motorachse schwenkbar, um den Riemen nachspannen zu können. Beim Schalten der Kupplung *k* im Spindelstockgetriebe *b* werden gleichzeitig die Räder *8* und *9* aus *7* und *10* herausgeschoben, um den Rücktrieb mit hoher Drehzahl zu vermeiden.

36. Berechnen der Getriebe mit Windungsstufen. Zu dem Getriebe mit einer Windung und 4 Enddrehzahlen Bild 30 ist in Bild 61 das Drehzahlbild gezeichnet. Der Weg bei n_1 ist die „Windung". Das Drehzahlbild Bild 61 ist hierzu so ausgebildet, daß auf den beiden Zwischenleitern die Drehzahlen der Hülsen aufgetragen sind. Bei der Windung wird zunächst für z_3/z_4 das Stück $t \varphi$ auf Leiter H_1

aufgetragen[1]. Von dort nach H_2 muß der Abstand t sein, da die Räder z_1/z_2 die Verbindung herstellen. Dieses Stück muß jetzt jedoch nach der anderen Richtung, also nach links, aufgetragen werden, da die Bewegung umgekehrt von z_2 auf z_1 erfolgt. Schließlich bleibt der Abstand $t\,\varphi^2$ für das Räderverhältnis z_5/z_6. Aus dem Aufbaunetz folgt dann sofort $z_2/z_1 = t$; $z_4/z_3 = t\,\varphi$; $z_6/z_5 = t\,\varphi^2$. Demnach erhält man

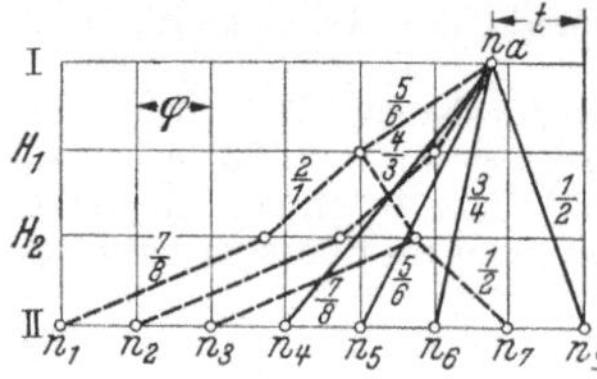

Bild 62. Drehzahlbild zu dem achtgängigen Getriebe nach Bild 31

$$n_4 = \frac{z_1}{z_2}\,n_a = \frac{n_a}{t} \qquad\qquad n_2 = \frac{z_5}{z_6}\,n_a = \frac{n_a}{t\,\varphi^2}$$

$$n_3 = \frac{z_3}{z_4}\,n_a = \frac{n_a}{t\,\varphi} \qquad\qquad n_1 = \frac{z_3}{z_4}\cdot\frac{z_2}{z_1}\cdot\frac{z_5}{z_6}\,n_a = \frac{n_a}{t\,\varphi^3}.$$

Das ist im übrigen nicht die einzige Möglichkeit für die Ausführung dieses Getriebes. Es können auch die Drehzahlen n_2, n_3, n_4 durch Windung erzeugt werden. Für das achtstufige Getriebe nach Bild 31 liefert das Drehzahlbild Bild 62 die Übersetzungen:

$$z_2/z_1 = t; \quad z_4/z_3 = t\varphi^2; \quad z_6/z_5 = t\varphi^3; \quad z_8/z_6 = t\varphi^4.$$

37. Drehzahlrechnung an Vorschubgetrieben. In allen Fällen, in denen der Vorschub in mm/min, also als Geschwindigkeit, gemessen wird (wie bei Fräsmaschinen), besitzt er einen besonderen Antrieb oder leitet seine Bewegung von einer Welle des Hauptantriebes ab, deren Drehzahl nicht verändert wird. Ist dagegen der Vorschub in mm/Umdr. angegeben, wie bei Dreh- und Bohrmaschinen, so wird das Vorschubgetriebe meist über Zwischen- oder Wechselräder von der Hauptspindel angetrieben. Vorschubgetriebe werden wie Hauptgetriebe berechnet. Besondere Bedingungen treten bei den Vorschubgetrieben auf, die, wie bei Drehmaschinen, über die Leitspindel alle Gewindesteigungen erschließen sollen oder die, wie bei Fräsmaschinen, mit Eilgang- und Wende-Getrieben auszurüsten sind.

Für die Drehmaschinen-Vorschubgetriebe kann die Aufgabe verschieden gelöst werden. Bei einer Bauart werden zwei Getriebe, ein *Schwenkradgetriebe* und ein *Vervielfachungsgetriebe*, hintereinander geschaltet (s. 27. Beispiel S. 57). Die Grundreihe der Gewinde wird durch die Übersetzungen des Schwenkradgetriebes dargestellt (s. Tab. 19, 20 zum Beispiel 27 auf S. 61); aus dieser Grundreihe werden die übrigen Steigungen über das Vervielfachungsgetriebe mit Übersetzungen 2, 4, 8, 16 gewonnen. Die Umwandlung der Steigungen für metrisches in Zoll- und Modulgewinde liegt in den verschiedenen Rädergängen, die von der Spindel zu dem Vorschubgetriebe führen (s. Bild 39). Über Wechselräder werden dann nur nicht genormte Steigungen geschaltet. Die Nachteile der Schwenkrad- und Vervielfachungsgetriebe, die sich besonders im Betrieb von Schnelldrehmaschinen zeigten, führten zur Konstruktion von Schieberädergetrieben (s. 22. Beispiel). Hier entsteht beim Entwurf die Schwierigkeit, die verschiedenen genau einzuhaltenden Übersetzungen durch Zähnezahlen darzustellen, deren Summen gleich sind. Diese Schwierigkeit kann man nur dadurch überwinden, daß man korrigierte Verzahnungen (VO-Räder) oder verschiedene Moduln, auch zwischen zwei Wellen, einbaut. Man erhält dann aber Getriebe, die auch bei hohen Drehzahlen und großen Leistungen einwandfrei und geräuschlos laufen.

22. Beispiel. Für das in den Bildern 63, 64 gezeichnete Haupt- und Vorschubgetriebe einer Leit- und Zugspindeldrehmaschine sind die Drehzahlbilder zu zeichnen.

Lösung. a) *Hauptgetriebe.* Das Hauptgetriebe liefert 12 Drehzahlen, wobei verschiedene Gänge über Zwischenvorgelege laufen, um die großen Übersetzungen zu überbrücken.

---

[1] Da $t < 1$, liegt t hier von n_a nach rechts gerichtet, und der waagerechte Abstand n_a bis n_3 ist gleich $\lg\varphi - \lg t$ (s. Abschn. 31)!

Bild 65 zeigt das auf Grund der eingeschriebenen Zähnezahlen gewonnene Drehzahlbild. In Bild 88, S. 50, ist die Konstruktion dieses Getriebes dargestellt.

b) *Vorschubgetriebe.*
Von einer Welle *VIII*, die aus dem Hauptgetriebe der Maschine (Bild 63) entweder von der Hauptspindel *V* der Maschine oder von der Vorwelle *III* angetrieben wird, läuft der Gang entweder über die Wechselräder z_1, z_2, z_3, z_4 oder über die Getriebe zur Leitspindel *XV* mit Steigung $h = 6$ mm. Beim Schneiden metrischer Gewinde läuft der Gang über *30/90* mit Zwischenrädern *126—72* nach Welle *XIII*, bei Zollgewinde über *30/126* und *127/50* mit Zwischenrad *72* nach Welle *XII*, bei Modulgewinde über *30/72* mit Zwischenrad *126* und *71/113* auf Welle *XIII*.

Für metrisches Gewinde sind die Gänge aus dem Drehzahlbild (Bild 66) zu entnehmen. Neben den genormten Steigungen fallen 14 nicht genormte Steigungen an. Für Zollgewinde zeigt (Bild 67) die Gänge. Diese Drehzahlbilder gelten für Antrieb von Rad *39* der Spindel *V* (Bild 63). Treibt dagegen Rad *20* auf Welle *III*, so läuft die Leitspindel mit 8facher Drehzahl, und es werden die Steigungen für die metrischen und Zoll-Steilgewinde erzeugt.

Rechnung:

$$\frac{39}{20} \cdot \frac{20}{52} \cdot \frac{18}{54} \cdot \frac{26}{52} = \frac{1}{8}.$$

Als Beispiel werden die Gänge für eine Gewindesteigung 8 mm nachgerechnet. n_a = Spindeldrehzahl (treibend), n_l Leitspindeldrehzahl (getrieben), dann wird

$$\frac{n_l}{n_a} = \frac{30}{90} \cdot \frac{40}{35} \cdot \frac{63}{36} \cdot \frac{54}{27} = \frac{4}{3}.$$

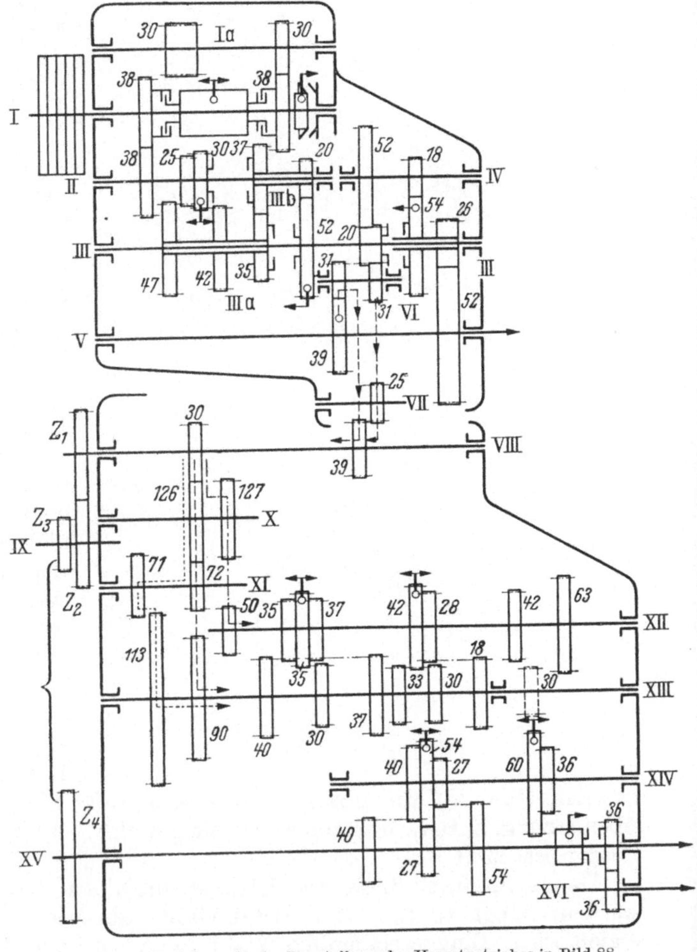

Bilder 63 u. 64. Schematische Darstellung des Hauptgetriebes in Bild 88, sowie des Vorschubgetriebes einer Drehmaschine (Ludwig Loewe A.G.) An den Rädern stehen die Zähnezählen.

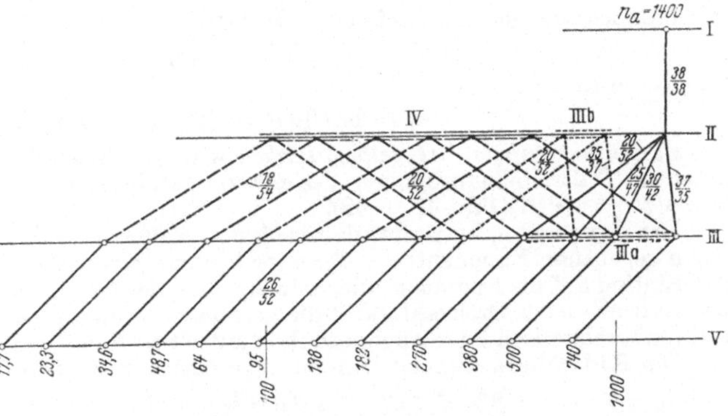

Bild 65. Drehzahlbild zu einem Drehbankgetriebe mit Vorgelege in den Vorwellen (vgl. Bilder 63, 88)

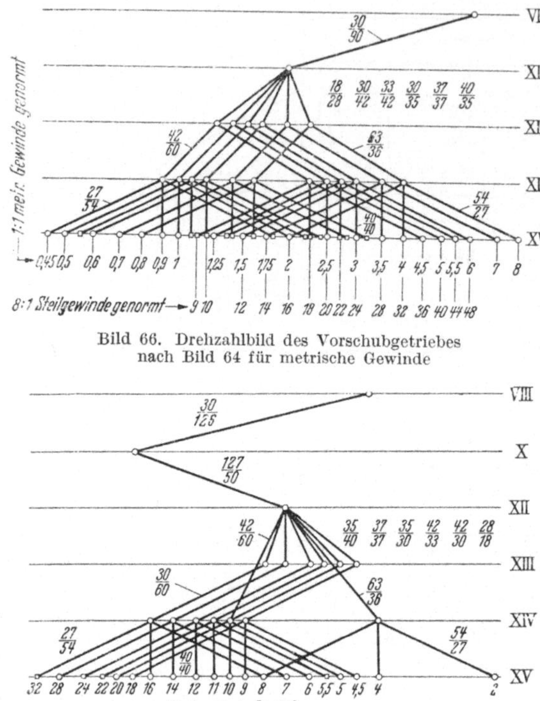

Bild 66. Drehzahlbild des Vorschubgetriebes
nach Bild 64 für metrische Gewinde

Bild 67. Drehzahlbild des Vorschubgetriebes
nach Bild 64 für Zollgewinde

Bei $n_a = 1$ und Leitspindelsteigung $s_l = 6$ mm wird die erreichte Gewindesteigung

$$s_g = s_l \cdot n_l = 6 \cdot 4/3 = 8 \text{ mm} .$$

Für Steigung $^1/_2''$ ergibt sich

$$\frac{n_l}{n_a} = \frac{30}{126} \cdot \frac{127}{50} \cdot \frac{63}{36} \cdot \frac{54}{27} = \frac{127}{60}$$

demnach

$$s_g = s_l \cdot n_l = 6 \cdot 127/60$$
$$= 12{,}7 \text{ mm} \mathrel{\widehat{=}} {}^1/_2'' .$$

C. Ermitteln der Abmessungen von Stufenrädergetrieben mit kleinsten Zähnezahlsummen

38. Rechnerisches Verfahren. In den Abschnitten 32 und 34 wurde gezeigt, daß mit den Größen n_a, n_g und φ ein Drei- oder Mehrwellengetriebe noch nicht eindeutig bestimmt ist. Da sich die Dreiwellengetriebe aus zwei Grundgetrieben zusammensetzen und zunächst mit $t = n_a/n_g$ nur die Triebübersetzung festliegt, so besteht noch die Möglichkeit, die Gesamttriebübersetzung verschieden auf die Teiltriebübersetzungen t_1, t_2 aufzuteilen (Bild 48), wobei nur $t = t_1 \cdot t_2$ sein muß. Liegt allerdings eine Teiltriebübersetzung, z. B. t_1, fest, oder wird sie gewählt, so ist das Dreiwellengetriebe eindeutig bestimmt.

Da mithin durch diese eine Übersetzung alle anderen Übersetzungen bestimmt werden, hängt es nur von dieser Größe ab, ob ein günstiger Getriebeaufbau erzielt wird. Eine zweckmäßige Wahl von t_1 wird dadurch erschwert, daß man zunächst keinen Überblick über den Einfluß der zu wählenden Übersetzung auf die übrigen Übersetzungen besitzt. Um nun t_1 so zu berechnen, daß eine möglichst kleine Gesamtzähnesumme erzielt wird, sei die Triebübersetzung t als Potenz des Stufensprunges φ ausgedrückt. Es wird

$$t = \varphi^{e_2} \tag{30}$$

gesetzt und damit wird

$$e_2 = \lg t/\lg \varphi = (\lg n_a - \lg n_g)/\lg \varphi . \tag{31}$$

a) Bei *vierstufigen Dreiwellengetrieben* wird die Triebübersetzung $t = \varphi^{e_2}$ weiterhin aufgeteilt in Teiltriebübersetzungen des ersten Grundgetriebes $t_1 = \varphi^{e_1}$ und des zweiten $t_2 = t/t_1 = \varphi^{e_2}/\varphi^{e_1} = \varphi^{e_2-e_1}$ (Bild 48 u. 68).

Der Exponent e_1 bestimmt demnach den Aufbau des Getriebes. In Bild 68 sind nun für einen gegebenen Exponenten e_2 für verschiedene Exponenten e_1 Drehzahlbilder gezeigt und der Einfluß auf die Summe S aller Zähnezahlen des Getriebes dargestellt. Man erkennt, daß das Getriebe nach Drehzahlbild d die geringste Zähnezahlensumme liefert. Dieses Getriebe soll nun rechnerisch oder zeichnerisch ermittelt werden.

Die Räderübersetzungen können angeschrieben werden (Bild 48):

$$i_1 = t_1 = \varphi^{e_1}, \quad i_2 = \varphi^{e_1} \cdot \varphi = \varphi^{e_1+1}, \quad i_3 = t_2 = \varphi^{e_2}/\varphi^{e_1} = t/t_1 = \varphi^{e_2-e_1}, \quad i_4 = t_2 \cdot \varphi^2 = \varphi^{e_2-e_1+2} .$$

Die Summe aller Zähnezahlen dieses Getriebes (Bilder 22 u. 48) wird

$$S = z_1 + z_2 + z_3 + z_4 + z_5 + z_6 + z_7 + z_8 ,$$

oder da

$$z_1 + z_2 = z_3 + z_4 \quad \text{und} \quad z_5 + z_6 = z_7 + z_8 ,$$

auch

$$S = 2\,(z_3 + z_4) + 2\,(z_7 + z_8) .$$

Da

$$i_2 = z_4/z_3 \quad \text{und} \quad i_4 = z_8/z_7 \quad \text{oder}$$

$$z_4 = i_2 \cdot z_3 \quad \text{und} \quad z_8 = i_4 \cdot z_7 , \quad \text{so ist auch}$$

$$S = 2\,z_3\,(1 + i_2) + 2\,z_7\,(1 + i_4)$$

oder

$$S = 2\,z_3\,(1 + \varphi^{e_1+1}) + 2\,z_7\,(1 + \varphi^{e_2-e_1+2}) .$$

Setzt man $z_3 = z_{k_1}$ und $z_7 = z_{k_2}$, wobei z_{k_1} das kleinste Rad des ersten und z_{k_2} das kleinste Rad des zweiten Grundgetriebes sind, so sind damit alle Größen auf der rechten Seite der Gleichung für die Zahnsummen bekannt, mit Ausnahme der Veränderlichen e_1. Somit ist

$$S = f(e_1) .$$

Differentiiert man nun die Summengleichung nach e_1, so erhält man

$$S' = 2\,z_{k_1} \cdot \varphi^{e_1+1} \ln \varphi$$
$$- 2\,z_{k_2} \cdot \varphi^{e_2-e_1+2} \ln \varphi .$$

Um das Minimum zu finden, wird $S' = 0$ gesetzt und vereinfacht, so daß $z_{k_1} \cdot \varphi^{e_1+1} = z_{k_2} \cdot \varphi^{e_2-e_1+2}$.

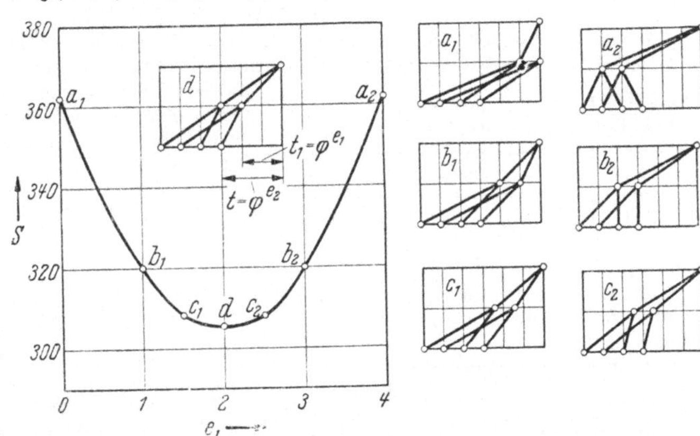

Bild 68. Drehzahlbilder für vierstufige Dreiwellengetriebe mit gleichen Kleinstzähnezahlen in den Grundgetrieben bei verschiedenen Exponenten e_1 und Zahnsumme S in Abhängigkeit von e_1

Nach Logarithmieren erhält man schließlich $e_1 = 0{,}5\,[e_2 + 2 + (\lg z_{k_1} - \lg z_{k_2})/\lg \varphi]$ oder

$$e_1 = 0{,}5\,(e_2 + 1 + k_z) , \tag{32}$$

worin

$$k_z = (\lg z_{k_1} - \lg z_{k_2})/\lg \varphi \tag{33}$$

der Zähnezahlenkorrekturwert ist.

Wird in einem Getriebe $z_{k_1} = z_{k_2}$ gesetzt, so wird $k_z = 0$ und Gleichung 32 vereinfacht sich zu

$$e_1 = 0{,}5\,(e_2 + 1) \tag{32a}$$

Diese Gleichungen haben aber nur Gültigkeit, wenn in dem Aufbaunetz (Bilder 47, 48) bei dem ersten Grundgetriebe $i_2 > i_1$ und bei dem zweiten Grundbetriebe $i_4 > i_3$ ist. Hierbei ist zu beachten, daß die Übersetzung ein Verhältnis darstellt. Eine Übersetzung gilt dann als größer, wenn der absolute Wert des Logarithmus ohne Berücksichtigung des Exponenten größer ist. Ist z. B. $i_1 = 2$ und $i_2 = \dfrac{1}{3} = 3^{-1}$, dann ist $\lg 2 < \lg 3$, demnach $i_2 > i_1$.

Die Grenze für die Gültigkeit der Gleichungen 32 u. 32a ist demnach dann erreicht, wenn im ersten Grundgetriebe $i_1 = i_2$ und im zweiten Grundgetriebe $i_3 = i_4$ wird.

Bei $e_2 = -1$ wäre $t = 1/\varphi$ oder, da $t = n_a/n_4$ ist, so wäre $n_a = n_4/\varphi$, demnach würde bei dem Grenzfall ein Trieb „ins Schnelle" vorliegen, da die Antriebsdrehzahl $n_a < n_4$ ist. In Antrieben von Werkzeugmaschinen wird dieser Fall möglichst vermieden, so daß die Gleichung 32 u. 32a in den praktisch wichtigen Fällen anzuwenden sind.

b) Für *sechsstufige Getriebe* werden nun die Bedingungsgleichungen für kleinste Zähnezahlensummen entwickelt.

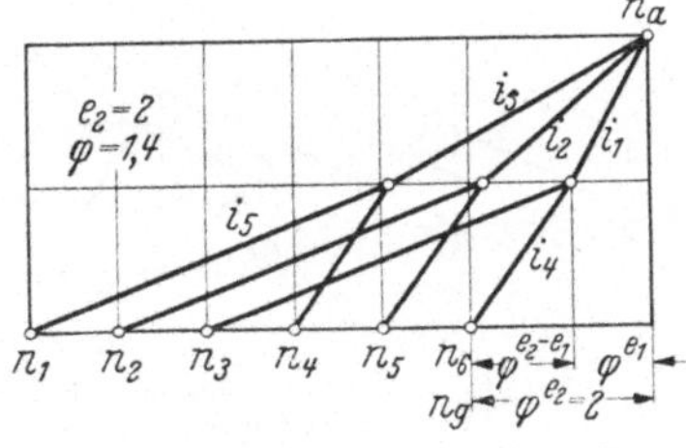

Bild 69. Drehzahlbild eines sechsstufigen Dreiwellengetriebes

Aus dem Drehzahlbild Bild 69 findet man $t = t_1 \cdot t_2 = \varphi^{e_2}$ und $t_1 = \varphi^{e_1}$.

Ferner $t_2 = \varphi^{e_2-e_1}$ und weiterhin $i_1 = \varphi^{e_1}$, $i_2 = \varphi^{e_1+1}$, $i_3 = \varphi^{e_2+2}$ und $i_4 = \varphi^{e_2-e_1}$: schließlich $i_5 = \varphi^{e_2-e_1+3}$.

Damit wird dann die Summengleichung

$$S = 3\,z_{k_1}\,(1 + \varphi^{e_1+2}) + 2\,z_{k_2}\,(1 + \varphi^{e_2-e_1+3}) ;$$

differentiiert und $S' = 0$ gesetzt, ergibt

$$e_1 = 0{,}5 \, (e_2 + 1 + k_g + k_z)\, ; \tag{34}$$

sind $z_{k_1} = z_{k_2}$, so wird

$$e_1 = 0{,}5 \, (e_2 + 1 + k_g)\, , \tag{34a}$$

worin

$$k_z = (\lg z_{k_2} - \lg z_{k_1})/\lg \varphi \quad \text{(siehe Gleichung 33)}$$

und

$$k_g = (\lg 2 - \lg 3)/\lg \varphi\, . \tag{35}$$

Die Gangzahlkorrektur k_g erscheint bei allen Stufenrädergetrieben, bei denen die Gangzahlen der Grundgetriebe verschieden sind. Ist das dreistufige Grundbgetriebe wie hier einem zweistufigen vorgelagert, so wird k_g negativ, sonst positiv. Die Werte für k_g können der Tabelle 11 entnommen werden. Die Gleichung (34) gilt für Getriebe mit $n_6 \geqq n_a$, also $e_1 \geqq -1$, und $e_2 \geqq -3 - k_g - k_z$ oder $e_2 \geqq -2 + k_g + k_z$.

Tabelle 11. *Gangzahlkorrekturwert k_g für III/6 Getriebe mit Aufbaunetz Bild 50α*

$\varphi = 1{,}12$	1,25	1,4	1,6	2
−3,6	−1,8	−1,2	−0,9	−0,6

c) Für *neunstufige Dreiwellengetriebe* wird

$$e_1 = 0{,}5 \, (e_2 + 4 + k_z) \tag{36}$$

mit der Begrenzung $n_g \leqq n_a$ und $e_1 \geqq -1$ und $e_2 \geqq -2 + k_z$ oder $e_2 \geqq -6 - k_z$.

23. Beispiel. Es ist ein sechsstufiges Dreiwellengetriebe mit kleinster Zähnezahlensumme zu berechnen. Gegeben sind die Drehzahlen $n_a = 1420$, $n_6 = 710$, der Stufensprung sei $\varphi = 1{,}4$.

$\dfrac{z_2}{z_1}$	$\dfrac{z_4}{z_3}$	$\dfrac{z_6}{z_5}$	$\dfrac{z_8}{z_7}$	$\dfrac{z_{10}}{z_9}$
$i = \dfrac{1{,}36}{1}$	$\dfrac{1{,}92}{1}$	$\dfrac{2{,}73}{1}$	$\dfrac{1{,}46}{1}$	$\dfrac{4{,}12}{1}$
$\dfrac{z_a}{z_b} = \dfrac{49}{36}$	$\dfrac{56}{29}$	$\dfrac{62}{23}$	$\dfrac{70}{48}$	$\dfrac{95}{23}$
$S = 85$	85	85	118	118

Lösung. Die Triebübersetzung wird $t = n_a/n_6 = 1420/710 = 2$. Nach Gleichungen 30 und 31 demnach $t = \varphi^{e_2} = 2$ und $e_2 = \lg 2/\lg \varphi = 0{,}3/0{,}15 = 2$. Wird $z_{k_1} = z_{k_2}$ gewählt, so ist $k_z = 0$. Die Gangzahlkorrektur erhält man aus Tabelle 11 zu $k_g = -1{,}2$. Dann wird nach Gleichung 34 $e_1 = 0{,}5 \, (e_2 + 1 + k_g) = 0{,}5 \, (2 + 1 - 1{,}2) = 0{,}9$ ferner $i_1 = \varphi^{e_1} = 1{,}4^{0{,}9} = 1{,}36$ und $i_2 = i_1 \cdot \varphi = 1{,}92$; $i_3 = i_1 \varphi^2 = 2{,}73$. Schließlich $i_4 = t2/i_1 = 1{,}46$; $i_5 = \varphi^3 \cdot \varphi^{e_2 - e_1} = \varphi^3 \cdot \varphi^{1{,}1} = 2{,}82 \cdot 1{,}46 = 4{,}12$. Diese Lösung entspricht dem Drehzahlbild 69.

Die Zähnezahlenberechnung ist hier wieder in Tabellenform durchgeführt. Kleinstes Rad im ersten Grundgetriebe ist z_5, im zweiten Grundgetriebe z_9. Es muß $z_5 = z_9$ gewählt werden, da ja $k_z = 0$ gesetzt wurde.

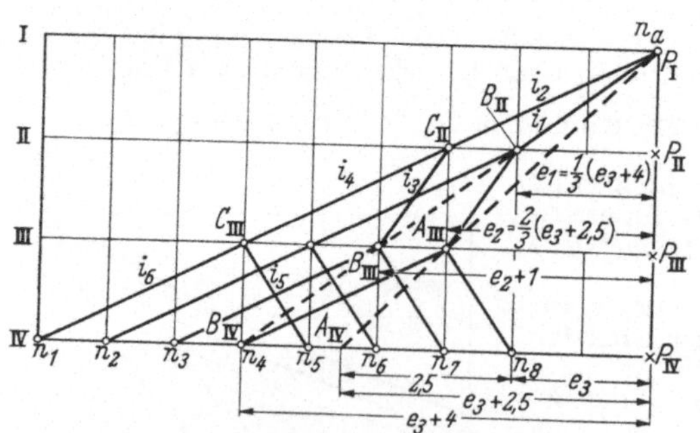

Bild 70. Exponentenschaubild eines achtstufigen Vierwellengetriebes ($z_{k_1} = z_{k_2} = z_{\kappa_3}$)

d) *Achtstufige Vierwellengetriebe.* In Bild 70, dem Exponentenschaubild eines achtstufigen Getriebes, bestehend aus drei hintereinandergeschalteten Grundgetrieben, erscheinen jetzt drei Teiltriebübersetzungen $t_1 = \varphi^{e_1}$, $t_2 = \varphi^{e_2 - e_1}$, $t_3 = \varphi^{e_3 - e_2}$, wobei die Gesamtantriebsübersetzung $t = \varphi^{e_3}$. (In dem Bild 70 ist $\lg \varphi$ als Einheit des Netzes gewählt. Wird z. B. $\lg \varphi = 20$ mm gewählt, und ist $\varphi^{e_3} = \varphi^{1{,}5}$, so wird $t_3 = \varphi^{e_3}$ durch eine Strecke $1{,}5 \cdot 20 = 30$ mm dargestellt. Solche Exponentenschaubilder lassen sich demnach schnell auch ohne log. Papier zeichnen.)

Sind wieder die Antriebsdrehzahl und die größte Abtriebsdrehzahl gegeben, so ist $t = \varphi^{e_3}$ bekannt, während die Exponenten e_1 und e_2 verschieden gewählt werden können. Die Zahnsumme des Getriebes wird

$$S_8 = 2 \, z_{k_1} \, (1 + \varphi^{e_1 + 1}) + 2 \, z_{k_2} \, (1 + \varphi^{e_2 - e_1 + 2}) + 2 \, z_{k_3} \, (1 + \varphi^{e_3 - e_2 + 4})\, .$$

S_8 ist demnach eine Funktion der zwei Veränderlichen e_1 und e_2. Wird zunächst $z_{k_3} = z_{k_2} = z_{k_1}$ angenommen, und werden die partiellen Ableitungen gebildet, die zur Ermittlung des Minimums wieder gleich Null gesetzt werden, so erhält man

$$\varphi^{e_1 + 1} = \varphi^{e_2 - e_1 + 2} \quad \text{und} \quad \varphi^{e_2 - e_1 + 2} = \varphi^{e_3 - e_2 + 4}\, .$$

Aus der ersten Gleichung folgt wieder wie beim vierstufigen Getriebe (s. Gleichung 32a) $e_1 = 0{,}5\,(e_2 + 1)$, aus der zweiten, wenn dieser Wert für e_1 eingesetzt wird,

$$e_2 = 2\,(e_3 + 2{,}5)/3 \ . \tag{37}$$

Sind $z_{k_1} \neq z_{k_2} \neq z_{k_3}$, so lautet die Gleichung

$$e_2 = (2\,e_3 + 5 + k_{z_1} + 2\,k_{z_2})/3 \tag{38}$$

worin

$$k_{z_1} = (\lg z_{k_2} - \lg z_{k_1})/\lg \varphi \ , \qquad k_{z_2} = (\lg z_{k_3} - \lg z_{k_2})/\lg \varphi \tag{39}$$

e_1 wird dann aus Gl. (32) ermittelt.

In Bild 71 sind für die sämtlichen möglichen Aufbaunetze der achtstufigen Vierwellengetriebe (vgl. Bild 56) bei $e_3 = 2$ die Drehzahlbilder mit Hilfe der Gleichungen 37 bis 39 errechnet. Man erkennt,

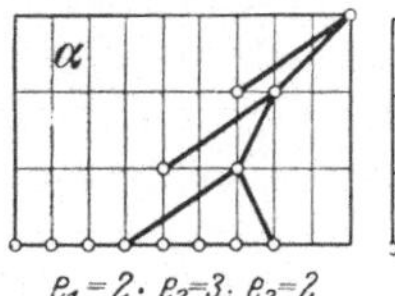

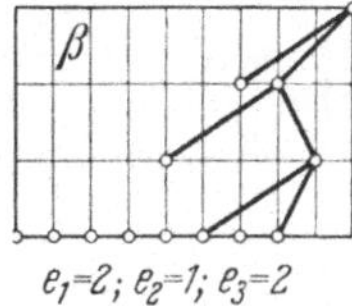

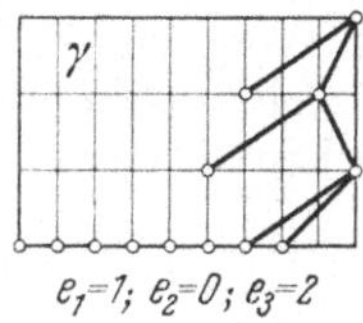

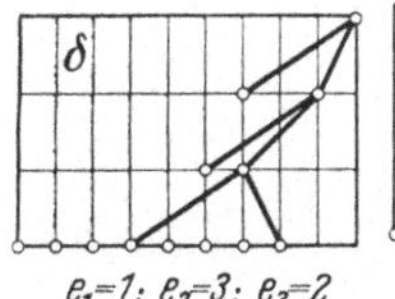

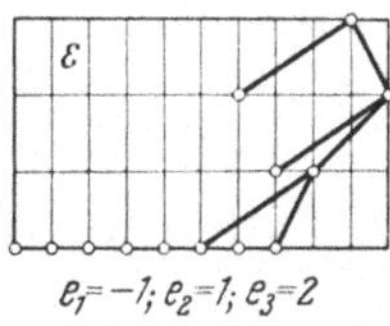

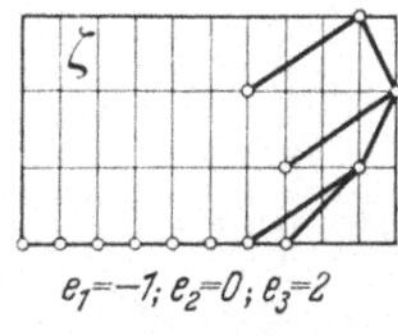

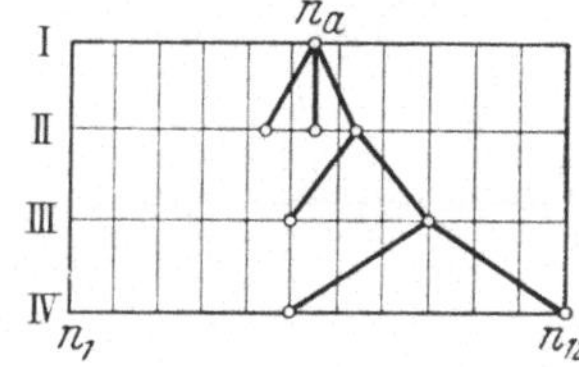

Bild 71. Exponentenschaubild von achtstufigen Vierwellengetrieben mit verschiedenen Aufbaunetzen α bis ζ

daß die Grundgetriebe unabhängig von ihrer Reihenfolge im Getriebe immer die gleichen Übersetzungen besitzen. Die baulich günstigste Lösung wird meist mit dem Aufbaunetz α erreicht.

Auch die für die achtstufigen Getriebe, Aufbaunetz α, entwickelte Gleichung hat nur beschränkte Gültigkeit. Man erhält die Grenzen ähnlich wie oben gezeigt mit $e_1 \geqq 0{,}5$, $e_2 \geqq -1$ und $e_3 \geqq -1$. Hieraus folgt, daß die entwickelten Gleichungen für die praktisch vorkommenden Fälle gelten.

e) In gleicher Art können auch für *zwölfstufige Vierwellengetriebe* die Bestimmungsgleichungen für e_2 und e_1 entwickelt werden. Wird das Aufbaunetz Bild 72 zugrunde gelegt, in dem einem dreistufigen Grundgetriebe zwei zweistufige Getriebe nachgeschaltet sind, so erhält man für e_1 die Gleichung 34 wie beim sechsstufigen Getriebe, während man e_2 errechnen kann aus

$$e_2 = (2\,e_3 + 7 + k_y + k_{z1} + 2\,k_{z2})/3 \ . \tag{40}$$

Berechnet man zwölfstufige Getriebe nach dieser Gleichung, so ergeben sich in den praktisch wichtigen Bereichen Übersetzungen ins Schnelle, sofern k_{z1} und k_{z2} nicht negativ sind. Dem Konstrukteur stehen nun zwei Möglichkeiten offen, um die Ergebnisse in seinem Sinn zu beeinflussen. Einmal kann er durch zweckmäßiges Ändern der Kleinstzähnezahl z_k die Größe von k_{z1} und k_{z2} beeinflussen. k kann je nach Größe der gewählten Kleinstzähnezahlen positiv oder negativ werden. Damit wird dann der Exponent e_1 oder e_2 vergrößert oder verkleinert, also werden die Zwischendrehzahlen mehr nach links oder nach rechts verlagert. Man kann diese Verlagerungen soweit treiben, daß Übersetzungen ins Schnelle vermieden werden.

Dann kann der Konstrukteur bei zu großen Übersetzungen eine Zwischenübersetzung einfügen und somit ein Grundgetriebe (meist das letzte) erweitern. Derartige Erweiterungen werden bei zwölfstufigen Getrieben fast immer notwendig sein (vgl. Bild 105 in Beispiel 27). An die Stelle des letzten zweistufigen Grundgetriebes tritt dann z. B. ein Grundgetriebe nach Bild 73 mit dem einen Gang über z_{k_3} und z_6 und dem anderen über z_{k_4}, z_7, z_8 auf z_9. Wählt man nun für einen dieser Gänge die Übersetzungen so, wie es nach konstruktiven Gesichtspunkten zweckmäßig erscheint, also z. B. Übersetzung $z_8/z_{k_4} = 4$, so wird dann, wenn $\varphi^m = 4$, die Summengleichung unter Fortlassung der Konstanten

$$S_{12} = 3\,z_{k_1} \cdot \varphi^{e_1+2} + 2\,z_{k_2} \cdot \varphi^{e_2-e_1+3} + (z_{k_3} + z_{k_4} \cdot \varphi^{6-m}) \cdot \varphi^{e_3-e_2} \ .$$

Hieraus erhält man dann auf dem gleichen Wege wie oben

$$e_2 = 2\,(e_3 + 3{,}5 + 0{,}5\,k_g + 0{,}5\,k_{z_1} + k_{12})/3 \ , \tag{41}$$

worin

$$k_{12} = [\lg\,(z_{k_2} + z_{k_4}\,\varphi^{6-m}) - \lg z_{k_3}]/\lg \varphi - 6 \tag{42}$$

In Bild 74 sind dann für $e_3 = 1$ und $e_3 = 2$ die Lösungen gegenübergestellt, bei denen zwölfstufige Getriebe mit $\varphi = 1{,}4$ ohne (in A und C) und mit (in B und D) Erweiterung gezeigt werden. Man muß den Wert m so wählen, daß ein großer Trieb ins Schnelle, wie etwa bei A und C, vermieden wird. Für $e_3 = 1$, also für das Bild nach B, ist m zu groß gewählt, und es entstehen dadurch bei den Übersetzungen der Räder z_1/z_2 und z_7/z_8 Triebe ins Schnelle, die bei richtiger Wahl vermieden werden könnten.

39. Zeichnerisches Verfahren.

Zur Darstellung der Übersetzungen im Getriebe wurde schon das Drehzahlbild Bild 69 zu einem Eponentenschaubild ausgebaut, indem $\lg \varphi$ als Zeicheneinheit gewählt wird. Mit solchen Exponentenschaubildern kann man auf sehr einfachem Wege die Übersetzungen zeichnerisch ermitteln. Das zeichnerische Verfahren führt schneller und mit hinreichender Genauigkeit zu brauchbaren Lösungen.

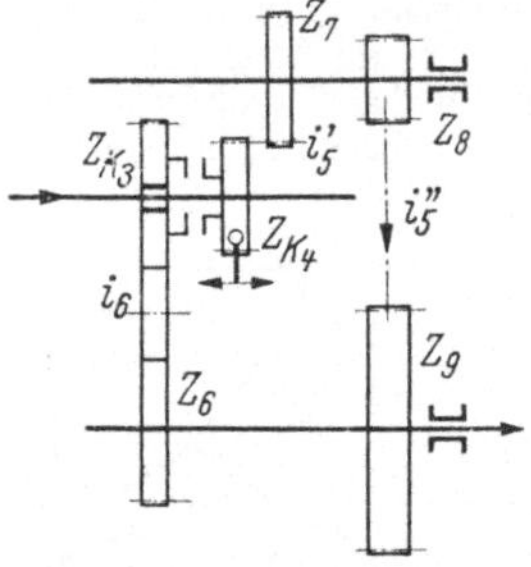

Bild 73. Erweiterung des letzten Grundgetriebes zur Überbrückung der größten Übersetzungen

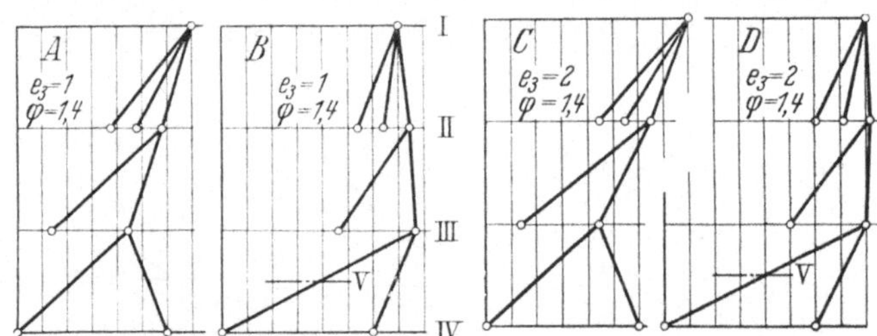

Bild 74. Einfluß der Erweiterungen im letzten Grundgetriebe auf das Exponentenschaubild zwölfstufiger Vierwellengetriebe

Liegt auf der Leiter I die Antriebsdrehzahl n_a Bild 75, auf Leiter II die Drehzahl n_{II} und auf Leiter III die Abtriebsdrehzahl n_{ab}, so erscheint die Übersetzung $i = n_a/n_{ab}$ als Projektion der Geraden auf die Leitern. Auf der waagerechten Leiter III findet man daher $\lg i = \lg i_1 + \lg i_2$, wobei die Verbindungsgeraden der Punkte n_a-n_{II} die Übersetzung i_1 des Räderpaares $1-2$ und die Gerade $n_{II}-n_{ab}$ die Übersetzung i_2 des Räderpaares $3-4$ kennzeichnet. Zwischen zwei Punkten ist aber eine Gerade der kürzeste Abstand; da die Punkte n_a und n_{ab} festliegen, braucht man nur von n_a eine Gerade nach n_{ab} zu ziehen (Bild 76), die Leiter II in n_{II} schneidet. Dann ist $\lg i_1 = \lg i_2$ oder $i_1 = i_2 = i^{0{,}5}$ oder auch bei $i_1 = \varphi e_1$ und $i = \varphi e_2$ ist $\varphi e_1 = \varphi^{0{,}5 e_2}$ und damit $e_1 = e_2/2$ (vgl. Gl. 32a). Dies ist der Ausgangspunkt für die Entwicklung eines zeichnerischen Verfahrens.

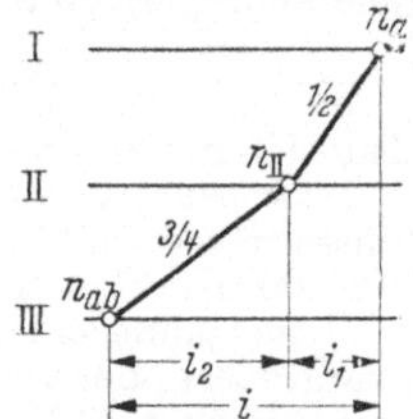

Bild 75. Aufteilung der Übersetzung i auf zwei Teilübersetzungen i_1 und i_2

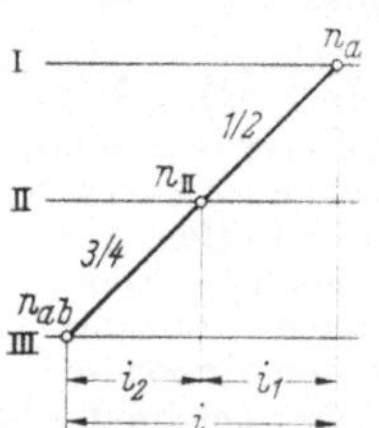

Bild 76. Aufteilung der Übersetzung i auf zwei Teilübersetzungen i_1 und i_2 mit kleinster Zähnezahlensumme

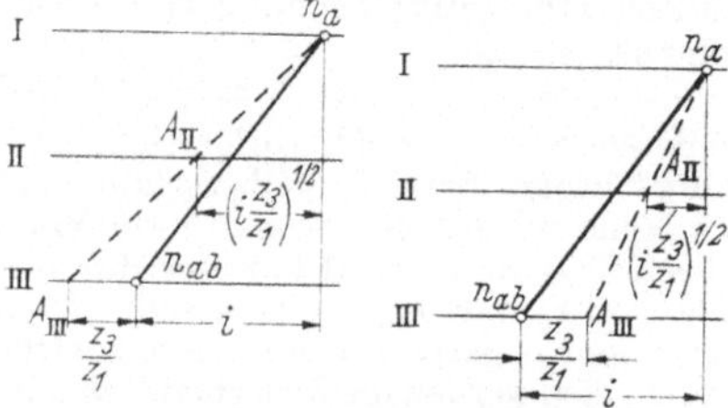

Bilder 77 u. 78. Einfluß eines positiven (77) und negativen (78) Verhältnisses z_3/z_1 auf die Konstruktion des Exponentenschaubildes

Bisher wurde angenommen, daß $z_1 = z_3$ ist, d. h. daß Kleinsträder der gleichen Größe eingebaut werden. Ist jedoch $z_1 \neq z_3$, so ergibt sich als Summengleichung dieses einfachen Triebs (Bilder 77, 78) $S = z_1(1 + i_1) + z_3(1 + i/i_1)$; wird wieder $S' = 0$ gesetzt, so erhält, man $i_1 = (i \cdot z_3/z_1)^{0{,}5}$. Der Zahlenwert z_3/z_1 kann je nach den gewählten Werten für z_1 und z_3 größer oder kleiner als 1 sein. Ist $z_3 > z_1$, also $z_3/z_1 > 1$, so wird $\lg(z_3/z_1)$ positiv. Ist $z_3 < z_1$ so wird $\lg(z_3/z_1)$ negativ. Desgleichen können auch die Übersetzungen positiv oder negativ sein, je nachdem ob $n_a > n_{ab}$ (i wird positiv) oder $n_a < n_{ab}$ (i wird negativ). Da nun in der zeichnerischen Darstellung auf den logarithmischen Leitern, deren Anfangspunkte 1 immer links liegen sollen, bei positivem i von der Antriebsdrehzahl als Ausgangspunkt durch Ziehen der Verbindungslinie die kleinste Abtriebsdrehzahl erreicht wird, so sollen vom Ausgangspunkte positive Größen nach links, negative Größen nach rechts abgetragen werden. Sind also i und z_3/z_1 beide positiv, so stellt sich im Exponentenschaubild der Betrag $i \cdot z_3/z_1$ oder $\lg i + \lg (z_3/z_1)$ als Summe dar (Bild 77). Ist dagegen i positiv und z_3/z_1 negativ, so erscheinen sie als Differenz (Bild 78). Man findet den oben gefundenen Ausdruck $i_1 = (i \cdot z_3/z_1)^{0,5}$ in den Schaubildern, indem man auf Leiter III den Betrag $\lg i + \lg z_3/z_1$ abträgt, dann die Punkte A_{III} mit n_a verbindet. Diese Gerade schneidet in A_{II} auf Leiter II den Betrag $(i \cdot z_3/z_1)^{0,5}$ ab.

In dieser einfachen Art können nun die oben angeführten Gleichungen der verschiedenen Getriebe zeichnerisch dargestellt werden wie es die nachstehenden Beispiele zeigen.

24. Beispiel. Für ein vierstufiges Dreiwellengetriebe mit kleinster Zähnezahlensumme sind die Übersetzungen zeichnerisch zu ermitteln. Die kleinsten Zähnezahlen in beiden Grundgetrieben seien gleich; die Antriebsdrehzahl $n_a = 1400$, die höchste Abtriebsdrehzahl $n_4 = 1120$ Umdr./min, der Stufensprung $\varphi = 1,25$.

Lösung (Bild 79). Zunächst sind drei Leitern ohne jede Maßeinteilung in gleichen Abständen zu zeichnen. Auf der ersten Leiter wird irgendwo P_1 festgelegt. Für $\lg \varphi$ wird ein Maßstab gewählt (hier $\lg \varphi \mathrel{\hat=} 20/3$ mm). Da $n_a/n_4 = \varphi$, so ist der waagerechte Abstand von n_a bis n_4 also $20/3$ mm. Die übrigen Drehzahlen findet man leicht, wenn man den Betrag $\lg \varphi$ in den Zirkel nimmt und ihn dreimal bis n_1 abträgt. Zieht man dann die Gerade $\overline{P_I \, ng}$ die die Leiter II in B_{II} schneidet und macht auf Leiter II $\overline{B_{II} \, A_{II}} = \lg \varphi$, so ist nach Ziehen der Verbindungsgeraden das Exponentenschaubild für das vierstufige Getriebe bestimmt.

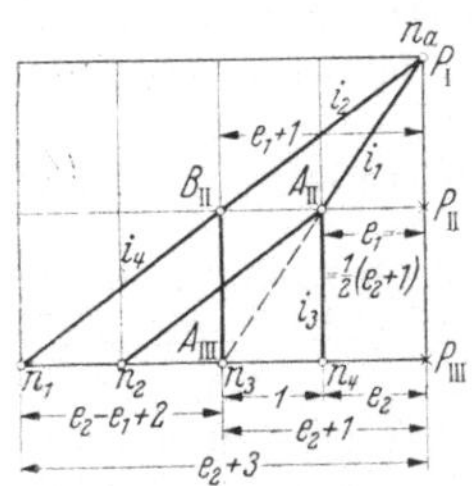

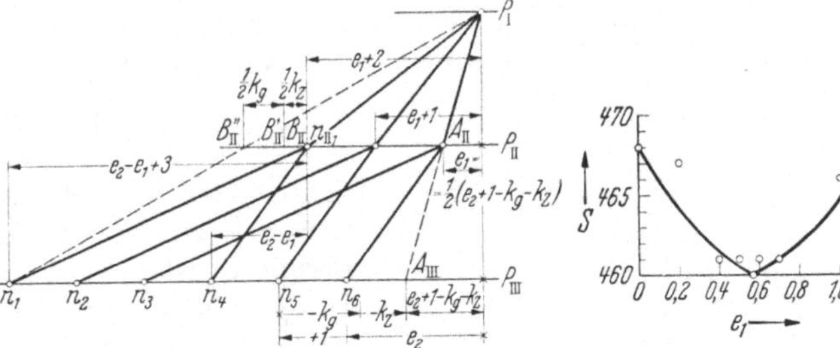

Bild 79. Zeichnerische Ermittlung des Exponentenschaubildes für ein vierstufiges Dreiwellengetriebe mit konstanter Zähnezahlsumme ($zk_1 = zk_2$) (zu Beispiel 24)

Bild 80. Zeichnerische Ermittlung des Exponentenschaubildes für ein sechsstufiges Dreiwellengetriebe mit ungleicher Kleinstzähnezahl der Grundgetriebe (zu Beispiel 25)

Bild 81. Nachprüfung des Ergebnisses durch Auftragen der Zahnsumme S in Abhängigkeit von e_1 (zu Beispiel 25)

Durch Abmessen auf den waagerechten Leitern findet man die Übersetzungen. Hier sind $i_2 = i_4 = \varphi^2$, $i_1 = \varphi$ und $i_3 = 1$. In dem gezeichneten Exponentenschaubild ist jetzt $\overline{n_1 \, P_{III}} = e_2 + 3$, da ja $\overline{P_{III} \, n_4} = e_2$ und $\overline{n_4 \, n_1} = 3$ ist. Ferner $\overline{B_{II} \, P_{II}} = 0,5 (e_1 + 3)$, wenn Abstand der Leitern gleich groß. Da $\overline{B_{II} \, A_{II}} = 1$, so bleibt $\overline{A_{II} \, P_{II}} = \overline{B_{II} \, P_{II}} - 1 = 0,5 (e_2 + 1)$. Das ist aber der Wert, der oben (Gl.32a) für e_1 bei vierstufigem Getriebe ermittelt ist, wenn das Aufbaunetz nach Bild 47 als Getriebe mit der kleinsten Zähnezahlensumme ausgeführt werden soll und die kleinsten Zähnezahlen der beiden Grundgetriebe gleich sind.

25. Beispiel. In einem sechsstufigen Dreiwellengetriebe sei $n_a = 1400$, $n_6 = 710$ und $\varphi = 1,4$. Die Übersetzungen sind für ein Getriebe mit kleinster Zähnerzahlensumme zeichnerisch zu ermitteln.

Lösung. Bei Getrieben, die sich aus Grundgetrieben mit verschiedenen Gangzahlen aufbauen, also bei sechs- und zwölfstufigen Getrieben, tritt nun noch die Gangzahlkorrektur auf. Sind auch die Kleinstzähnezahlen in den Grundgetrieben verschieden, so müssen noch die Zähnezahlkorrekturwerte berücksichtigt werden. Auch hier gilt wieder, daß negative Werte nach rechts, positive nach links abzutragen sind. Zeichnerisch geht man hier so vor, daß man wieder nach Eintragen der An- und Abtriebsdrehzahlen (Bild 80) die Verbindungsgerade $n_1 \, P_1$ zieht. Dann trägt man auf Leiter II den Betrag $0,5 \, k_g$ von B''_{II} nach rechts bis B'_{II} ab, da der Betrag k_g negativ sei und dann $0,5 \, k_z = \overline{B'_{II} \, B_{II}}$, falls k_z auch negativ ist. B_{II} ist dann die gesuchte Zwischendrehzahl. Die übrigen Drehzahlen und damit die Übersetzungen werden dann in gleicher Art wie oben gefunden. Man kann das Exponentenschaubild auch so konstruieren, daß man den Ausdruck $e_2 + 1 - k_g - k_z$ von P_{III} bis A_{III} auf Leiter III abträgt, dann $\overline{A_{III} \, P_I}$ zieht, wodurch A_{II} gefunden wird. Hieraus ergeben sich dann die übrigen Punkte. Zahlenwerte in Bild 80 sind $n_a = 1400$, $n_6 = 710$, $\varphi = 1,4$. Demnach $e_2 = 2$ und $e_1 = 0,56$. Bei $zk_1 = 24$ und $zk_2 = 19$ wird $i_1 = 2,92$, $i_2 = 1,93$, $i_3 = 1,365$, $i_4 = 4,12$, $i_5 = 1,46$ und $S = 3 \cdot 82 + 2 \cdot 107 = 460$. Da in der Zeichnung $\lg \varphi = 1 \mathrel{\hat=} 20/3$

$\hat{=}$ 6,6 mm gewählt wurde, wird $e_2 = 2 \cdot 6{,}6 = 13{,}2$ mm, $e_1 = 3{,}7$ mm, $\frac{1}{2}\, k_g = \frac{1}{2} \cdot (-1{,}17) \cdot$ $\cdot\, 6{,}6 = 3{,}9$ mm und $\frac{1}{2}\, k_z = \frac{1}{2} \cdot (-0{,}673) \cdot 6.6 = -2{,}2$ mm.

Eine Nachprüfung mit verschiedenen Exponennten e_1 bei unveränderlichen z_{k_1} und z_{k_2} zeigt Bild 81, in welchem in Abhängigkeit von e_1 die ermittelte Zähnezahlsumme aufgetragen wurde. Trotzdem hier mit den praktisch nur darzustellenden ganzzahligen Zähnezahlen gerechnet wurde, erkennt man, daß der ermittelte Wert $e_1 = 0{,}56$ die niedrigste Zahnsumme liefert.

26. **Beispiel.** Es ist das Schaubild für ein achtstufiges Vierwellengetriebe zu zeichnen.

Lösung. In Bild 70 ist der Aufbau des achtstufigen Vierwellengetriebes zeichnerisch durch Ziehen der Gerade $\overline{n_a\,n_1}$ ermittelt (es sei $z_{k_1} = z_{k_2} = z_{k_3}$). $\overline{P_{IV}\,n_4} = e_3 + 4$; dann wird Strecke $\overline{n_4\,n_a}$ gezogen, die II so schneidet, daß Entfernung bis P_{II} nun $\overline{P_{II}\,B_{II}} = e_1 =$ $= (e_3 + 4)/3$ (wenn, wie immer vorausgesetzt wird, die Abstände der Leitern I und II wie II und III gleich sind); entsprechend ist $\overline{P_{IV}\,A_{IV}} = e_3 + 2{,}5$ und $\overline{A_{IV}\,P_I}$ schneidet auf III in A_{III} den Wert $e_1 = 2\,(e_3 + 2{,}5)/3$ ab.

D. Bemessen der Stirnräder

40. Berechnen der Stirnräder auf Zahnfußfestigkeit [5] (Zahnbruch) ist wichtig bei langsamer laufenden und letzten Rädern der Getriebe, die große Momente zu übertragen haben. Der Modul m wird berechnet aus der vereinfachten Gleichung

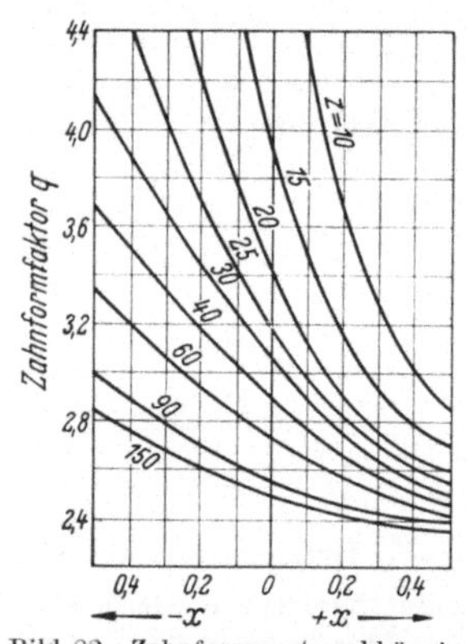

Bild 82. Zahnformwert q abhängig von dem Profilverschiebungsfaktor x (aus [8], Bd. 1)

$$m \approx \sqrt[3]{\frac{20\,M\,q}{\sigma_{b\,zul}\,z_1\,b_v}} \quad \text{in mm} \qquad (43)$$

Darin bedeuten: M Moment in kpcm, q Zahnformwert (zu entnehmen aus Bild 82, für nicht korrigierte Räder gilt $x = 0$), b_v Breitenverhältnis $b_v = b/m$; in Stufenrädergetrieben wird $b_v = 5$ bis 15, im Mittel $b_v = 10$; bei Schieberäderblöcken sind schmale Räder erwünscht, um Raum zu sparen, daher hier $b_v \approx 5$ bis 6; z Zähnezahl des zu berechnenden Rades. Es sind das treibende und getriebene Rad nachzuprüfen, wobei jeweils das zugehörige Moment einzusetzen ist. Meist ist das kleinere treibende Rad ungünstiger beansprucht. $\sigma_{b\,zul}$ Festigkeitswert, abhängig von Werkstoff des Rades und von der Art der Belastung (s. Tabelle 12).

Bei einseitig belasteten Rädern wird als oberer Grenzwert von der Dauerfestigkeit σ_o (Tabelle 12), bei wechselbeanspruchten Zwischenrädern von 0,75 σ_o ausgegangen. Man wählt für Stufenrädergetriebe an Werkzeugmaschinen eine Sicherheit $S_B \approx 1{,}5$ bis 2. Treten Stöße im Getriebe auf, so ist Sicherheit S_B größer zu wählen, und zwar abhängig von dem Verhältnis der gleichmäßig wirkenden Umfangskraft P_U zu der bei Stößen größten Umfangkraft max P_U. Bei Werkzeugmaschinen mit gleichmäßiger Grundlast wäre dann $S_B \geq 3$ zu wählen. Für besonders hoch beanspruchte, sehr langsam laufende Räder, z. B. bei Bohrmaschinen-Vorschubritzel Gewaltbruch nachprüfen. Bei Berechnung schrägverzahnter Räder s. Tabelle 14.

41. Bei Berechnung der Stirnräder auf Zahnflankenfestigkeit ergeben sich der Modul m und damit die übrigen Abmessungen der Räder aus

$$m \approx \sqrt[3]{\frac{20\,M}{z^2\,b_v\,y_e\,k_{zul}}} \quad \text{in mm}. \qquad (44)$$

Darin: M Moment [kpcm], b_k Breitenverhältnis $b_k = b/m$ (s. Abschn. 41), z Zähnezahl des zu berechnenden Rades, y_e ein von der Zähnezahl und der Übersetzung $i = z_2/z_1$ abhängiger Beiwert, aus Tabelle 13 zu entnehmen (für V-Verzahnung gelten für y_e andere Werte, abhängig von h_k/m; h_k Zahnkopfhöhe [mm]).

Tabelle 12. *Werkstoffangaben für Stirnräder* (nach NIEMANN und GLAUBITZ) (s. a. [5] [7])

	Werkstoff				Zahnrad				
			Zug-festigkeit σ_B	Biege-wechsel-festigkeit σ_{bW}	Härte		Dauerfestigkeit		Zul. Biege-bean-spruchung
Nr.	Art und Behandlung	DIN-Bezeichnung			Kern H_B	Flanke H_B	Flanke[1] k_o	Zahn-fuß σ_o	$\sigma_{b\,zul}$
			kp/mm²	kp/mm²	kp/mm²		kp/mm²	kp/mm²	kp/mm²
1	Grauguß	GG 18	18	9	170		0,19	4,5	4
2		GG 26	26	12	210		0,33	6,0	5,5
3	Stahlguß	GS 52	52	21	150		0,21	15	9
4		GS 60	60	24	175		0,30	17,5	10
5	Masch.-Stahl	St 42	42···50	20···24	125		0,26	16	9
6	unlegiert	St 50	50···60	23···28	150		0,40	19	11
7	ungehärtet	St 60	60···70	28···33	180		0,52	21	12
8		St 70	70···85	33···40	208		0,70	24	14
9		C 45	65···80	30···34	185		0,40	23	13
10		C 60	75···90	34···41	210		0,51	25,6	15
11	vergüteter	34 Cr 4	75···90	36···44	260		0,80	30	18
12	Stahl	37 MnSi5	80···95	38···46	260		0,70	31,5	19
13		42 CrMo4	95···110	46···54	360		0,80	31,5	20
14		35 NiCr18	100···160	40···70	400		1,7	36,5	20
15	Einsatz-	C 15	50···65	27	190	637	4,20	22	12,3
16	gehärteter	16 MnCr 5	80···110	—	270	650	5,0	42	20
17	Stahl	20 MnCr 5	100···130	—	360	650	5,0	47	22
18		15 CrNi 6	90···120	—	310	650	5,0	44	22
19		18 CrNi 8	120···145	—	400	650	5,0	47	22
20	Flammen- oder	Ck 45	65···80	—	220	595	4,3	31,5	16
21	induktions-	37 MnSi5	90···105	—	270	560	3,7	34	20
22	gehärteterStahl	41 Cr 4	90···110	—	275	587	4,2	35	20
23	Cyanbad-	37 MnSi 3	150···190	—	470	550	3,6	35	20
24	gehärteter Stahl	41 Cr 4	140···180	—	460	595	4,3	32	20

[1] Zahnflanken-Dauerwälzfestigkeit k_o. Die Werte gelten beim Lauf gegen Stahl gleicher Härte und bei Ölschmierung von 13,5 E. Bei anderem Gegenwerkstoff (E-Modul E_2) als Stahl ist der angegebene k_o-Wert mit dem Beiwert y_1 und bei anderer Ölzähigkeit noch mit dem Beiwert y_2 zu multiplizieren. Beim Lauf gegen härteren Stahl sind etwas höhere k_o-Werte zu erwarten.

k_{zul} ist die zulässige Wälzpressung [kp/mm²]. Man ermittelt sie aus

$$k_{zul} = k_o\,y_1\,y_2\,y_3/S_F .\tag{44 a}$$

Für k_o ist bei *Dauergetrieben*, die gleichmäßig unter Vollast laufen, aus Tabelle 12 die im Laufversuch ermittelte Dauerwälzfestigkeit k_o zu wählen, wobei eine Flankensicherheit $S_F \geq 1,25$ einzusetzen ist.

Stufenrädergetriebe an Werzkeugmaschinen dagegen sind *Zeitgetriebe*, die nur zeitweise unter Vollast laufen, oft, wie z. B. bei Schlichtarbeiten, nur mit einem geringen Teil der Höchstleistung. Statt der Dauerwälzfestigkeit k_o kann für diese Getriebe als Grenzfestigkeit der höhere Zeitfestigkeitswert k_{ox} und $S_F \geq 1$ gewählt werden. k_{ox} ist abhängig von der Vollastlebensdauer $L_V \cdot n$ (Bild 83). Für Werkzeugmaschinen wählt man nach NIEMANN[1] $L_V = 150$ bis 1000 „Stunden" h.

In Anlehnung an die Erfahrungen im Kraftfahrzeugbau ist es möglich, in einem Stufengetriebe L_v verschieden groß anzunehmen: Räder in seltener eingeschalteten Gängen mit geringer, letzte, dauernd laufende Räder mit längerer Vollastlebensdauer. Da aber die Ein-

---

[1] Nach NIEMANN/WINTER: Berechnung von Stirnrädern in Betriebshütte, 5. Aufl. Berlin 1957. Zu den Beanspruchungs- und Lebensdauer-Berechnungen s. a. [7].

Tabelle 13. *Beiwerte y_{e_1} und y_{e_2} für 20°-Normalverzahnung (Außenverzahnung) abhängig von z_1 und $i = z_2/z_1$*

z_1	y_{e_1} für $z_2/z_1 =$							y_{e_2} für $z_2/z_1 =$						
	1	1,4	2	3	5	10	∞	1	1,4	2	3	5	10	∞
9	—	—	0,103	0,107	0,111	0,114	0,118	—	—	0,241	0,289	0,319	0,335	0,329
10	—	0,117	0,122	0,130	0,135	0,141	0,148	—	0,182	0,240	0,282	0,311	0,329	0,329
11	—	0,130	0,137	0,147	0,154	0,162	0,170	—	0,186	0,238	0,277	0,306	0,323	0,328
12	0,098	0,140	0,148	0,160	0,167	0,177	0,187	0,098	0,189	0,236	0,237	0,301	0,320	0,327
13	0,126	0,148	0,158	0,171	0,181	0,192	0,202	0,126	0,190	0,235	0,269	0,297	0,317	0,327
14	0,142	0,154	0,165	0,179	0,190	0,203	0,216	0,142	0,192	0,233	0,266	0,294	0,314	0,327
15	0,146	0,158	0,171	0,186	0,199	0,211	0,226	0,146	0,192	0,231	0,264	0,291	0,313	0,326
17	0,150	0,165	0,180	0,197	0,212	0,227	0,243	0,150	0,192	0,229	0,260	0,287	0,308	0,326
20	0,155	0,172	0,189	0,207	0,225	0,241	0,260	0,155	0,192	0,226	0,255	0,282	0,302	0,325
24	0,157	0,177	0,196	0,216	0,236	0,254	0,275	0,157	0,191	0,223	0,251	0,278	0,300	0,324
30	0,159	0,180	0,201	0,224	0,246	0,266	0,289	0,159	0,190	0,221	0,248	0,275	0,297	0,324
45	0,160	0,184	0,207	0,232	0,256	0,278	0,304	0,160	0,189	0,217	0,244	0,273	0,295	0,323
70	0,161	0,186	0,211	0,237	0,263	0,286	0,313	0,161	0,188	0,216	0,243	0,269	0,293	0,322
150	0,162	0,187	0,213	0,239	0,265	0,289	0,318	0,162	0,187	0,215	0,243	0,265	0,290	0,322

gangsräder meist mit hoher, die letzten, dauernd laufenden Räder jedoch mit niedrigen Drehzahlen laufen, ist das Produkt $L_v\,n$, also Anzahl der Überrollungen bei Vollast, das nach Bild 83 die Größe von k_{ox} bestimmt, etwa konstant. Man kann daher für Universalmaschinen, Spitzendrehmaschinen, Waagerecht-Fräsmaschinen, Bohrmaschinen etwa $L_v = 300$ wählen, für Hochleistungsmaschinen mit großen Spanmengen und gleichmäßiger Vollastbeanspruchung $L_v \approx 1000$ Stunden.

Die Beiwerte y_1, y_2, y_3 berücksichtigen:

y_1 den Einfluß des Gegenwerkstoffes; beim Lauf gegen Stahl gleicher Härte ist $y_1 = 1$; ist aber zu einem Stahlrad der Gegenbaustoff Grauguß, so ist $y_1 = 1,5$.

y_2 den Einfluß der Schmierung; die Werte in Bild 83 gelten für Ölschmierung mit 13,5 E/50° C. In Werkzeugmaschinen-Stufengetrieben benutzt man meist dünnflüssige Öle, daher wird $y_2 \approx 0,8$ gewählt.

$y_3 = P_u/(P_u + P_{u\,\mathrm{dyn}})$, wobei $P_{u\,\mathrm{dyn}}$ bei Stufenrädergetrieben mittlerer Größe mit Stahl gegen Stahl und geschliffenen Rädern zu errechnen ist aus

$$P_{u\,\mathrm{dyn}} \approx \frac{800\,v}{\sqrt{v^2 + 100}}. \tag{45}$$

Hierin ist die Umfangsgeschwindigkeit im Teilkreis v in m/s einzusetzen.

Mit der Gleichung für den Modul sind Ritzel und Gegenrad zu berechnen, wobei beim Ritzel $z = z_1$ und y_{e1}, M_1, beim Gegenrad $z = z_2$ und y_{e2}, M_2 einzusetzen sind.

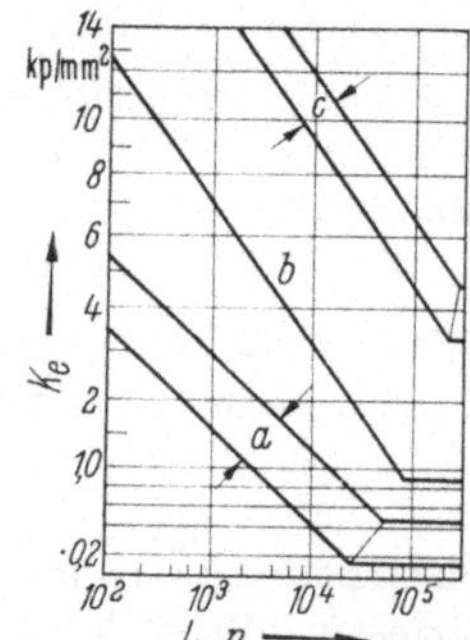

Bild 83. Zahnwälzfestigkeit k_{ox}, abhänig von der Anzahl der Überrollungen $L_v \cdot n \cdot 60$ mit L_v in h und n in Umdr./min (nach NIEMANN) Gruppe a Baustoffe Nr. 1 bis 9 der Tafel 12, Kurve b Nr. 10 (C 60), Gruppe c gehärtete Stähle, Nr. 11 bis 23 der Tabelle 12 (Zeitfestigkeit k_{oz} ansteigende Linien, Dauerwälzfestigkeit k_o Bereich der Waagerechten)

Wird das Stirnrad mit Schrägverzahnung ausgeführt, so berechnet man den Modul eines geradverzahnten Rades nach Gl. (43) oder (44) und setzt als Moment ein:

bei Berechnung von Flankenfestigkeit [Gl. (44)] $M = M_{sch}/y_{sch}$,

bei Berechnung auf Zahnfußfestigkeit [Gl. (43)] $M = M_{sch}\,q_n\,/(q_{sch}\,q)$,

wenn M das einzusetzende Moment bei Geradverzahnung und M_{sch} das bei Schrägverzahnung zu übertragende Moment. y_{sch} und q_{sch} sind aus Tabelle 14 zu entnehmen. Der errechnete Modul m ist dann der Normalmodul m_n der Schrägverzahnung. Das schrägverzahnte Rad muß im Teilkreisdmr. und in der Breite b mit dem berechneten geradverzahnten Rad übereinstimmen. Beiwerte q sind aus Bild 82 zu entnehmen, wobei für q Zähnezahl $z_v = z/\cos\beta$ und für q_n Zähnezahl $z_n = z/\cos^3\beta$ zu setzen sind.

Tabelle 14. *Beiwerte y_{sch} und q_{sch} nach Versuchen* (NIEMANN)

β	0°	5°	10°	15°	20°	25°	30°	35°	40°	45°
y_{sch}	1,0	1,11	1,22	1,31	1,40	1,47	1,54	1,60	1,66	1,71
q_{sch}	1,0	1,20	1,28	1,30	1,31	1,31	1,30	1,29	1,28	1,27

bei ganzzahliger Sprungüberdeckung.

42. Räder aus Preßstoff. Man berechnet den Modul aus

$$m = \sqrt[3]{\frac{6,45\,M}{z\,b_v\,K_{pzul}}} \tag{46}$$

worin $K_{pzul} = K_p\,q_z$ abhängig von Geschwindigkeit v und Zähnezahl z aus Tabelle 15 entnommen werden kann.

Tabelle 15. *K_p und q_z für Preßstoff-Zahnräder (Novotext) und 20°-Verzahnung* (NIEMANN)

v in m/s	0,5	1	2	4	6	8	10	12	15
K_p in kp/mm²	0,25	0,23	0,22	0,17	0,13	0,11	0,095	0,085	0,07

z	13	15	20	25	30	40	60	100
q_z	0,7	0,85	1,00	1,08	1,14	1,21	1,27	1,34

43. Leistung in Rädergetrieben. Liegen mehrere Räderpaare zwischen 2 Wellen, so ist das kleinste Rad am höchsten beansprucht. Für dieses Rad ist dann der Modul zu berechnen. Die übrigen Räderpaare zwischen diesen Wellen werden meist mit dem gleichen Modul ausgeführt, andere Beanspruchungen können durch Wahl verschiedener Zahnbreiten oder anderer Werkstoffe ausgeglichen werden. Nur bei den Räderpaaren zur letzten Welle der Hauptgetriebe findet man auch verschiedene Modul, oft Schrägverzahnung, damit die Räder bei hoher Beanspruchung ruhig laufen.

Die Moduln schnellaufender Räder werden nach Gleichung (44) berechnet. Mit Gleichung (43) prüft man nach, ob die Belastungszahl σ_{zul} nicht überschritten wird. Bei schnellaufenden Rädern ($n \geq 1000$) sollte nachgeprüft werden, ob die Erwärmung in zulässigen Grenzen bleibt. Es muß

$$m\,z\,b/15\,N > 1 \tag{47}$$

sein. m und b in mm, N in kW einsetzen! Gefährdet sind hier kleine Räder, die unmittelbar hinter einem starken und schnellaufenden Motor liegen.

Beide Gleichungen (43) und (44) enthalten als Kennzeichnung der Belastung das Drehmoment. Nach Gleichung (8) und Bild 2 hängt die Größe des Momentes bei gleicher Leistung nur von der Drehzahl ab. Die Hauptgetriebe der Werkzeugmaschinen verlangsamen fast durchweg die Eingangsdrehzahl des Getriebes. Da bei den geometrisch gestuften Getrieben die Drehzahlen auch der Zwischenwellen geometrisch gestuft sind, wachsen demnach auch die Momente geometrisch an. Kann man nun bei dem Entwurf die Drehzahlen der Zwischenwellen möglichst hoch halten, so werden die Momente und damit auch die Abmessungen klein.

Meist wird bei Werkzeugmaschinen gefordert, daß die *Leistung* bei allen Gängen konstant bleibt, so daß die Momente mit den langsamen Drehzahlen wachsen. Um aber mit Hartmetallwerkzeugen wirtschaftlich arbeiten zu können, müssen auch bei den Schnelldrehzahlen die Momente ausreichen. Das führt zu einer Verstärkung der Leistungen, die dann bei den langsamen Drehzahlen nicht mehr ausgenutzt werden können. Man nähert sich also bei diesen Maschinen der Forderung, daß das *Moment* an der Spindel konstant bleibt (Schnelldreh-, Vielmeißelmaschinen). Bei mehrstufigen Elektromotoren kann man die Leistung nach den hohen Drehzahlen bemessen (siehe auch Abschnitt 44), so daß die Maschine bei den niedrigen Drehzahlen nur mit geringerer Leistung laufen kann. Für die Berechnung der Räder sind dann nur immer die den Drehzahlen wirklich entsprechenden Momente einzusetzen.

Bei Motoren mit nur einer Drehzahl und einer Leistung können dagegen an der Spindel jetzt sehr hohe Momente auftreten. Da sie aber im praktischen Betriebe nur bei kurzzeitiger Überlastung erscheinen, kann man nicht das Getriebe nach diesen Belastungen und mit normaler Belastungsziffer bemessen, da sonst die Abmessungen des Getriebes unnötig groß würden. Bei der Berechnung setzt man zwar diese Momente ein, wählt aber insbesondere für das letzte Räderpaar eine so hohe Belastungsziffer, daß eine Verformung der Räder gerade vermieden wird, also $S_B \approx 1$ oder $\sigma_{zul} \approx \sigma_F/1,4$. Für die Wälzpressung setze man die Lebensdauer entsprechend klein, etwa mit 150 h oder weniger, an.

E. Ausführen der Stufenrädergetriebe

44. Aufbau und Anordnung. Untersucht man die ausgeführten Getriebe, so wird man bestimmte Grundsätze eingehalten finden. Die *Übersetzungen* liegen etwa zwischen 4:1 und 1:2. Diese Grenzen werden nur bei den letzten Räderübersetzungen zur Spindel überschritten. Hohe Übersetzungen bedingen große Räder, große Zahnsummen und damit erhöhte Kosten.

Aus den Betrachtungen in den Abschnitten 38 und 39 folgen, wenn man im Getriebe den Kraftfluß verfolgt, die Regeln:

1. die Anzahl der Räderpaare in jeder Gruppe soll abnehmen (also in Bild 50α erst drei, dann zwei),
2. der Übersetzungsbereich soll wachsen (in Bild 56 α ist er $\varphi - \varphi^2 - \varphi^4$).

Nach Regel 1 erhält man die kleinste Gesamtzahnsumme, mit Regel 2 ist es möglich, die Drehzahlen der Zwischenwellen hoch und damit die Abmessungen klein zu halten. Je höher die Drehzahlen liegen, umso kleiner wird das Drehmoment!

Die kleinste Zähnezahl liegt etwa bei 22 bis 24 Zähnen. Werden Welle und Rad aus einem Stück gefertigt — was meist nicht zu empfehlen ist —, so kann auch eine kleinere Zähnezahl gewählt werden.

6-, 9-, 12- und 18stufige Getriebe eignen sich für Ausführung als Schieberadgetriebe (wegen des „Dreier-Blockes"), 4-, 8-, 16stufige für Kupplungsgetriebe, insbesondere bei hydraulischer oder elektrischer Kupplung. Dreier-Blöcke sind möglichst auf den ersten Wellen des Getriebes anzuordnen. Auf der Spindel der Maschine sollen möglichst wenige Räder sitzen, vor allem nur feste Räder, keine Vorgelegebuchsen. Lose Räder und Buchsen begünstigen das Entstehen von Schwingungen.

In Drehmaschinen wird der Vorschub von der Spindel abgenommen. Sollen aber Steilgewinde geschnitten werden, so ist dies bei dem beschränkten Bereich der Vorschubgetriebe nur dadurch möglich, daß man das Vorschubgetriebe schneller laufen läßt, indem der Antrieb nicht von der Spindel, sondern von einer Vorwelle abgenommen wird (Bilder 88, 105). Daraus ergibt sich für den Aufbau des Hauptgetriebes bei Drehmaschinen die Forderung, daß die Übersetzung der letzten Räder nach dem Verhältnis Normalvorschub:Steilvorschub ausgerichtet wird. Meist wählt man $i = 8$, das heißt, die Vorwelle muß achtmal schneller laufen als die Spindel.

Auf *Revolvermaschinen* wechseln während des Betriebes die Arbeitsgänge mit niedrigen Schnittgeschwindigkeiten mit solchen, bei denen eine hohe Schnittgeschwindigkeit gefordert wird. Man muß demnach schnell von einer kleinen auf eine hohe Drehzahl schalten können. Schalteinrichtungen, mit denen man beim Gangwechsel alle zwischenliegenden Drehzahlen durchschalten muß, sind hier ungeeignet. Getriebe und Schalteinrichtungen müssen so entworfen werden, daß man mit einem Griff von dem schnellen Gang auf einen langsamen übergehen kann. Bei *Fräsmaschinen* treten dagegen derartige Wechsel nicht auf, dort sind daher Ein-Handradschalter brauchbar.

Polumschaltbare Motoren sind für Drehmaschinen nur geeignet, wenn ihre Drehzahlen sich in eine Vorgelegeübersetzung 8 einfügen lassen (wegen Steilvorschub!). Üblich sind Motoren mit 2 Drehzahlen und dem Sprung 2, also 710/1420 und 1400/2800, seltener dreifach polumschaltbare Motoren mit 710/950/1400 Umdr./min. Langsamer laufende Motoren, mit 475/710/950 oder mit 475/710/950/1400, also 4 Drehzahlen, werden nur für Sonderfälle gewählt, da sie im Verhältnis zu ihrer Leistung schon ziemlich groß werden. Die Größe des Motors wird durch die Leistung bei der untersten Drehzahl bestimmt, so daß es für die Bemessung des Motors wünschenswert wäre, die niedrigste Leistung mit der niedrigsten Drehzahl zu verbinden. Dies ist aber bei Werkzeugmaschinen im allgemeinen nicht möglich, da bei langsamen Drehzahlen ein großes Moment gefordert wird. Nur bei Schnelläuferdrehmaschinen und ähnlichen Maschinen wird für die hohen Drehzahlen eine größere Leistung verlangt (s. Abschn. 43). Hier kann dann ein Motor gewählt werden, der bei der unteren Drehzahl mit kleinerer Leistung läuft (bis etwa der halben) und daher geringere Abmessungen besitzt.

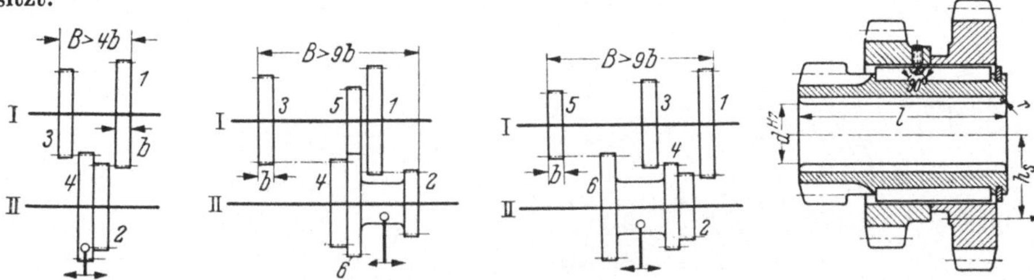

| Bild 84. Kürzeste Baulänge für einen Zweier-Schiebeblock | Bild 85. Baulänge bei einem Dreier-Schiebeblock | Bild 86. Baulänge bei einem Dreier-Schiebeblock; Übersetzungen liegen in der gleichen Reihenfolge wie die Räder | Bild 87. Zusammengesetzter Räderblock |

45. Schieberäder, Wellen. *Schieberäder* werden meist nicht einzeln angeordnet, sondern zu einem Block von 2 oder 3 Rädern vereinigt. Die Lage der Räder zueinander hat Einfluß auf die Baubreite. Liegen die verschiebbaren Räder unmittelbar nebeneinander und zwischen den festen Rädern, Bild 84, so wird die Baubreite $B > 4\,b$ ($b =$ Zahnbreite). Wären dagegen die beiden Räder auf Welle I verschiebbar, so würde die Baubreite $B > 6\,b$. Bei den Dreierblöcken beansprucht die Anordnung nach Bild 21 die geringste Baubreite $B > 7\,b$. Die Drehzahlen folgen aber bei dieser Anordnung nicht in der größenmäßigen Reihenfolge. Außerdem muß $z_6 - z_4 > 5$ sein, sonst gehen die Räder 4 oder 2 nicht an Rad 5 vorbei. Kann diese Bedingung nicht erfüllt werden, so ordnet man die Räder nach Bild 85 an mit $B > 9\,b$. In Bild 86 folgen die Drehzahlen ihrer Größe nach, es muß $z_4 - z_2 > 5$ sein, bei $B > 9\,b$. Wegen $B > 7\,b$ oder $> 9\,b$ folgt, daß man bei Schieberädergetrieben die Zahnbreite möglichst klein hält, um Platz zu sparen. Dann aber auch, daß man mehr als 3 Räder nicht zu einem Block zusammenfaßt. Liegen 4 Räder zwischen 2 Wellen, so ordnet man 2 Blöcke mit je 2 Rädern an, muß aber Vorkehrungen treffen, daß nicht 2 Räder gleichzeitig eingeschaltet werden können.

Kleine Räder können mit der Hülse aus einem Stück gefertigt werden. Dies bedingt aber, z. B. bei dem unteren Block in Bild 85, daß die Zähne gestoßen werden müssen, da die Abwälzfräser nicht auslaufen können, während die Stoßräder nur etwa 5 mm Abstand benötigen. Bei größeren Räderblöcken setzt man einige oder alle Radkränze auf, Bild 87. Werden dann nur die Radkränze aus hochwertigem Werkstoff gefertigt, so kann man bedeutende Ersparnisse erzielen.

Bei Schiebestirnrädern werden an der Einschubseite die Zähne abgerundet, damit sie sich ohne Hemmung einschieben lassen, auch wenn Zahn gegen Zahn steht. Durch das Abrunden wird aber die tragende Zahnbreite kleiner.

Die Stirnräder werden als feste Räder auf den Wellen aufgefedert (Paßfeder s. DIN 6885 Bl. 2 u. 3.). Gegen Verschieben kann das Rad durch einen Stift (DIN 553) gesichert werden (s. Bild 88 Rad 52 auf Welle IV), oder man läßt das Rad auf einer Seite an einem Wellenabsatz anliegen und sichert durch Stellring (DIN 705) oder Seeger-Ringe (Bild 88 auf Welle III).

Statt der Federn werden häufig Vielkeilwellen oder K-Profilwellen gewählt, insbesondere für Schieberäder (Bild 88 Welle II). Abmessungen der Vielkeilwellen mit vier oder sechs Nuten (DIN 5461 bis 5465, 5471/2).

Schnell laufende Wellen werden in Wälzlagern gelagert. Die Wälzlager sitzen nicht unmittelbar im Gußgehäuse, sondern in Buchsen. Bei geringen Kräften und kürzeren Wellen werden Hochschulterlager bevorzugt, die auch größere Längskräfte aufnehmen können. Bei größeren Kräften werden Rollenlager eingebaut. Axiale Schübe können dann durch Kegelrollenlager aufgefangen werden (Bild 88 Welle IV). Wenn die — gegenüber Gleitlagern — größeren Außendurchmesser

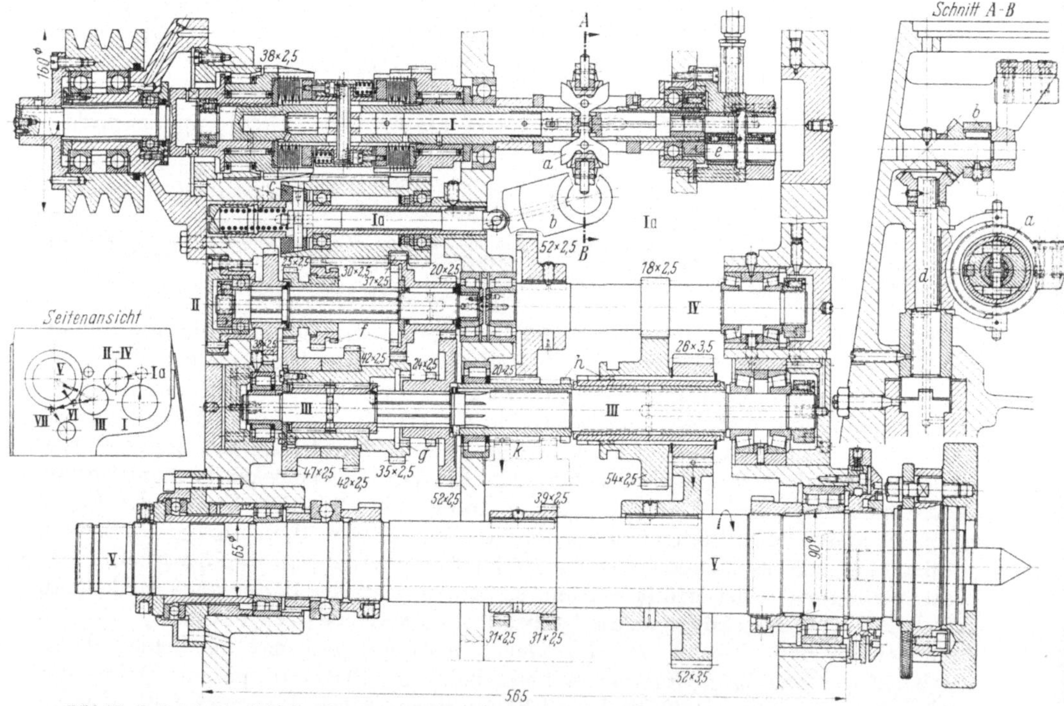

Bild 88. Beispiel eines Schieberädergetriebes (Drehmaschinengetriebe L. Loewe A.G. Drehzahlbild s. Bild 65); *a* Sichel zum Schalten der Lamellenkupplungen; von *a* wird über Schaltstange *d* Hebel *b* gesteuert, der bei jeder Schaltung Reibkegelbremse *c* betätigt; bei *f*, *g*, *h*, Zahnkupplungen, *e* Stirnradpumpe für Schmierung

der Wälzlager konstruktive Schwierigkeiten bereiten, so wählt man Nadellager (Bild 88 bei Rädern 42, 47 auf Welle III).

Weitere bauliche Einzelheiten sind der ausgereiften Konstruktion in Bild 88 zu entnehmen.

Räderblöcke lassen sich ohne Klemmen verschieben, wenn man $l = d$ (l Länge der Bohrung, d Durchmesser) und $l = h_s$ (h_s Hebelarm, an dem Schiebekraft angreift) ausgeführt, für die Bohrung h 7, für die Welle h 6 wählt und die Kanten gut ($r = 1$ mm) abrundet.

46. Kupplungen und Bremsen. Kupplungen sind so anzuordnen, daß Rücktriebe in's Schnelle vermieden werden.

Im Stillstand oder im Auslauf, also ohne Belastung, kann man schalten: *Klauenkupplungen*, früher fast ausschließlich verwendet, mit ungerader Zähnezahl ausgeführt (Fräser kann dann immer zwei Flanken bearbeiten!), haben den Nachteil, daß bei der geringen Zähnezahl häufig Zahn gegen Zahn steht, die Kupplung sich also nur nach Anrucken des Getriebes, also unter Zeitverlust schalten läßt; für Hauptgetriebe ungeeignet; die *Zahnkupplungen* (h in Bild 88) haben daher die Klauenkupplungen verdrängt. Hier ist die Zähnezahl bedeutend größer, die größte notwendige Drehung bis zum Kuppeln geringer, damit die Kupplungszeit kleiner. Die Zähne sind abgerundet, so daß man bei jeder Stellung der Zähne die Kupplung einrücken kann. Selten findet man dann noch die *Ziehkeilkupplungen* (Bild 34), die für die Übertragung größerer Kräfte ungeeignet sind und daher nur in Vorschubgetrieben eingebaut werden können. Der Ziehkeil sitzt in der hohlen, geschlitzten und getriebenen Welle.

Beim Lauf können die *Reibkupplungen* geschaltet werden. Man findet eingebaut: *Kegelreibkupplungen*, *Spreizringkupplungen* und vor allem *Lamellenkupplungen* (Bild 88), die bevorzugt eingebaut werden, da sie sanft und schnell kuppeln. [3, 5]. Ein Teil der Lamellen liegt außen, der andere Teil innen fest, aber verschiebbar. Eine der beiden Gruppen ist federnd oder wellenförmig ausgeführt, dadurch nehmen die Lamellen beim Anlauf allmählich mit und werden beim Lösen sicher getrennt. Die Kupplungen laufen in Öl, sind nachstellbar und betriebssicher. Die Lamellenkupplungen werden über mechanische Glieder (Bild 88) oder elektromagnetisch oder hydraulisch geschaltet (Abschn. 47). Reibkupplungen werden möglichst auf der Welle mit der höheren Drehzahl eingebaut, da hier die Momente kleiner sind. Doppellamellenkupplungen sieht man auch besonders für das Einschalten und Wenden der Getriebe vor (Bild 88).

Bremsen verkürzen die Schaltzeiten erheblich, da Getriebe mit hohen Drehzahlen und Wälzlagerungen nur langsam auslaufen. Mechanische Bremsen werden als Bandbremsen, oder als Kupplungsbremsen ausgeführt. Die letzten ähneln in ihrem Aufbau den Kegel- oder Lamellenkupplungen, nur daß eben der eine Kupplungsteil fest steht. Antrieb durch besonderen Hand- oder Fußhebel oder auch selbsttätig in Verbindung mit dem Schalten (Bild 88 auf Welle Ia). Bei den mechanisch-elektrischen Bremsen wird die Bremse durch einen Elektromagneten betätigt. Häufig werden aber auch die Elektromotoren selbst elektrisch durch Gegenstrom- oder Gleichstrombremsung (bei Drehstrom) stillgesetzt oder sind mit elektrisch-magnetischer Bremse ausgerüstet (siehe Werkstattbuch Heft 54) Baut man doppeltwirkende elektromagnetische Lamellenkupplungen ein, so kann man mit ihnen auch das Getriebe abbremsen, wenn beide Magneten gleichzeitig anziehen und damit das Getriebe blockieren.

47. Das Schalten erfordert oft einen sehr wesentlichen Anteil an der Arbeitszeit. Ist das Schalten zeitraubend oder gar unbequem, so unterläßt es der Bedienungsmann außerdem, günstigere Drehzahlen einzustellen, da der Zeitgewinn durch den Aufwand beim Schalten ausgeglichen wird. Die Möglichkeiten eines feinstufigen

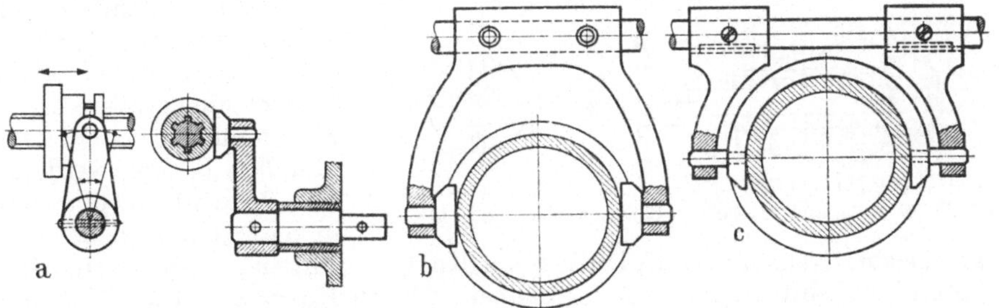

Bild 89. Schaltgabeln *a* wirken einseitig, *b*, *c*, doppelseitig; *c* ist geteilt [15]

und kostspieligen Getriebes können nur ausgenutzt werden, wenn man die Drehzahlen in kürzester Zeit, bei laufender Maschine, aber auch im Stillstand, wechseln kann. Die Hebel sollen sinnfällig und übersichtlich angeordnet sein. Jede Drehzahl soll mit möglichst wenig Hebelgriffen schaltbar sein. Nicht immer ist anzustreben, daß man mit einem Hebel ein- und ausschalten, bremsen, wenden und neu einstellen kann. Kugelgriffe werden bevorzugt, da sie sehr griffig sind und auch bei häufigem Schalten nicht ermüden. Sie wirken selten unmittelbar, sondern meist über ein Gestänge auf die Kupplungsmuffe oder Stange.

Die Räder werden dann über einseitig (Bild 89a) oder doppeltwirkende (Bild 89b, c) *Schaltgabeln* verschoben, von denen die einseitig wirkenden gewählt werden, wenn es die Kräfte beim Schwenken erlauben. Bei größeren Kräften besteht die Gefahr des Klemmens und dann sind doppeltwirkende Gabeln einzubauen. *Schiebegabeln* (Bild 90a) werden geradlinig verschoben. Sie umfassen die Räder (Bild 90a) oder laufen auch in Nuten (Bild 90b, c, d). Die Schiebeachsen und die Gabeln müssen hier gegen Schwenken gesichert werden (Befestigen mit Stiften). Die Gleitsteine wie die Schiebegabeln werden aus GG 22 bis 26 hergestellt, auch mit Bronze oder Preßstoff plattiert. Für die Gabeln und Hebel genügt als Baustoff GG 14 bis GG 22, je nach Länge und Kräften.

Bei den Mehrhebelschaltungen sitzen die Hebel dicht an der Schaltstelle. *Einhebel* besitzen eine größere Zahl von Raststellungen oder können räumlich bewegt werden. In Bild 91 wird Hebel a einmal in die Stellungen a_1 oder a_2

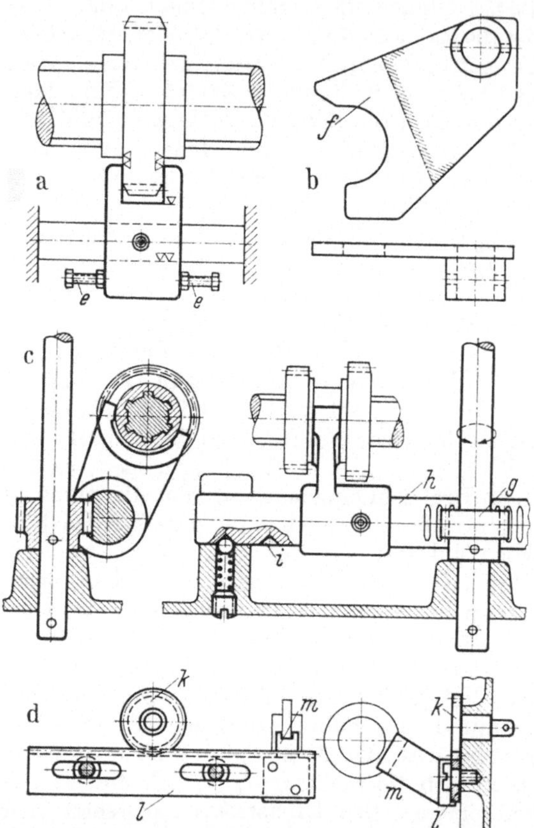

Bild 90. Schiebegabeln; a Schiebegabel umfaßt Schieberad, Längsweg durch Schrauben e begrenzt; b Schiebegabel aus Blech, bei f gehärtet und geschliffen, c Schiebegabel, verschoben über Ritzel g und Zahnstange h, Rasten i sichern die Stellungen; d Verschieben durch Drehen des Ritzels k über Zahnstange l und Bügel m
(Werkstattstechn. u. Maschbau 1951, H 8, S. 329)

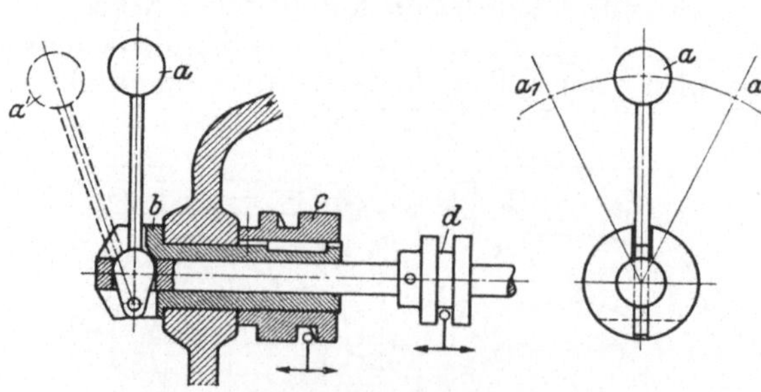

Bild 91. Einhebelschalter räumlich zu bewegen

gelegt. Hierbei dreht er über die Hülse b eine Kurve c. Schwenkt man den Hebel in die Stellung a', so wird die Muffe d verschoben. Durch Kurve c und Muffe d werden dann Schaltstangen in Pfeilrichtung gesteuert. Hebel a in Bild 92 arbeitet wie die

Schalthebel der Kraftfahrzeuggetriebe. Bei Schwenken nach a_1 oder a_2 wird er in einen Schlitz der Schaltstangen b, c oder d eingelegt, bei Schwenken nach a' oder a'' wird dann die gewählte Schaltstange verschoben.

Handradschalter, bei denen nacheinander die Drehzahlen durchgeschaltet werden, arbeiten über Kurven. In Bild 93 wird eine Scheibe a gedreht, in die eine Nut b eingearbeitet ist, in der die Rolle c läuft und über Hebel d die Muffe e verschiebt. Auf der Handradwelle können dann mehrere derartige Scheiben hintereinander angeordnet werden. In Bild 94 sind statt der Scheiben 2 Kurventrommeln mit mehreren Kurven eingebaut, die in einem bestimmten Übersetzungsverhältnis

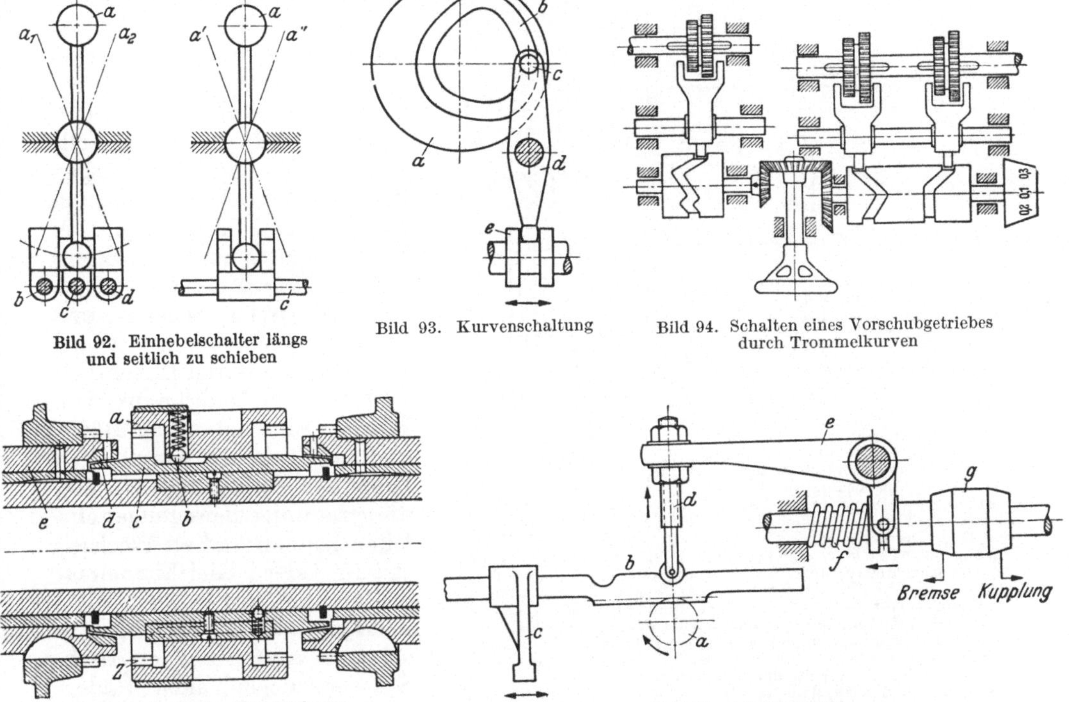

Bild 92. Einhebelschalter längs und seitlich zu schieben

Bild 93. Kurvenschaltung

Bild 94. Schalten eines Vorschubgetriebes durch Trommelkurven

Bild 95. Drehzahlangleichung

Bild 96. Schaltautomat

von dem Handrad über Kegelräder gedreht werden. Auf der Trommelwelle sitzt auch das Anzeigerad, so daß man durch ein Fenster den eingestellten Vorschub ablesen kann.

Das Einrücken der Schieberäder wie der Zahnkupplungen wird durch vorheriges Angleichen der Drehzahlen („*Synchronisieren*") erleichtert. Verschiebt man in Bild 95 die Zahnkupplung a, so nimmt diese über eine Kugel b eine Hülse c mit, deren kegeliges Ende d sich in den Gegenkegel des zu kuppelnden Rades e einlegt, ehe die Zähne eingreifen. Dadurch wird das Rad e schon mitgenommen und beim Weiterschieben der Kupplungshülse a können dann die Zähne lautlos und ohne Stöße in die Zähne des schon mit der Solldrehzahl laufenden Rades e eingreifen.

Kürzere Schaltzeiten erreicht man auch durch die selbsttätige Kupplungs- und Bremsbetätigung wie in Bild 88. Dreht man in Bild 96 über einen Hebel das Stirnrad a, um über die Schaltstange b und Klaue c einen Block zu verschieben, so wird der Bolzen d nach oben gedrückt. Über das Gestänge e verschiebt er die Schaltmuffe g, die zunächst die Kupplung löst und dann die Bremse eingelegt. Ist Muffe c soweit verschoben, daß der Block seine neue Stellung erreicht hat, so fällt der Bolzen d in die andere Raste der Stange b, Feder f wird entlastet, löst die Bremse und rückt die Kupplung wieder ein.

Ein weitergehendes Verkürzen der Zeit und Erleichtern des Schaltvorganges bringen die *Vorwähleinrichtungen* und *Programmsteuerungen*. Bei den Vorwähleinrichtungen stellt der Bedienungsmann die Drehzahl vorher ein, also schon während der vorhergehenden Arbeitsstufe, um dann nur durch Schwenken eines Hebels die gewählte Drehzahl einzurücken.

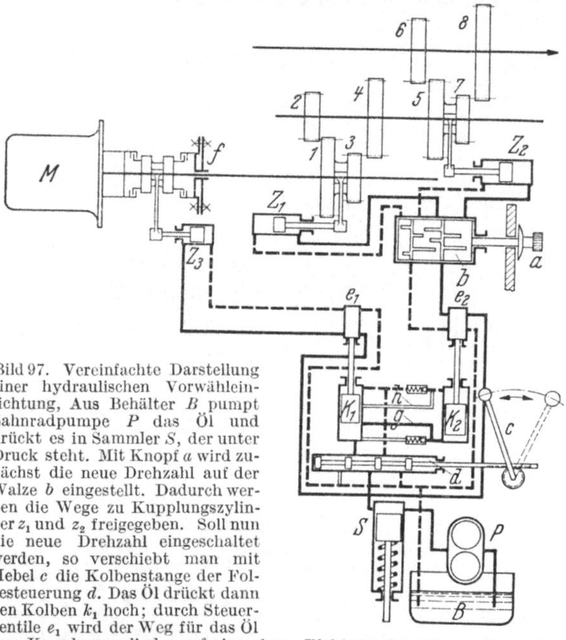

Der Vorteil *elektrischer* Schaltgeräte beim Vorwählen und in Steuerungen liegt vor allem darin, daß die Kommandostelle und die Schaltstelle voneinander entfernt liegen können. Bei den Geräten zum Einschalten, zum Wenden, zum Polumschalten und zum Bremsen des Motors handelt es sich um elektrische Schalter und Schützen (siehe Werkstattbuch Heft 54), die durch Hebel oder Druckknöpfe betätigt werden. Für das Einschalten der Räder und mechanischen Kupplungen baut man Elektromagnete ein, die geradlinige Bewegungen einleiten können und als Wechselstrom- oder Gleichstrommagnete ausgeführt werden.

Hydraulische Schaltgeräte arbeiten sanft und elastisch. Sie verschieben auch Räderblöcke einwandfrei, trotz der

Bild 97. Vereinfachte Darstellung einer hydraulischen Vorwähleinrichtung. Aus Behälter B pumpt Zahnradpumpe P das Öl und drückt es in Sammler S, der unter Druck steht. Mit Knopf a wird zunächst die neue Drehzahl auf der Walze b eingestellt. Dadurch werpen die Wege zu Kupplungszylinder z_1 und z_2 freigegeben. Soll nun die neue Drehzahl eingeschaltet werden, so verschiebt man mit Hebel c die Kolbenstange der Folgesteuerung d. Das Öl drückt dann den Kolben k_1 hoch; durch Steuerventile e_1 wird der Weg für das Öl zum Kupplungszylinder z_3 freigegeben, Elektromotor M ausgekuppelt und Lamellenbremse f angezogen; nun erst kann Kolben k_1 die Druckleitung g freigeben, so daß von Kolben k_2 Steuerventil e_2 betätigt werden kann. e_2 läßt das Öl über die Vorwählwalze b zu Kupplungszylindern z_1 und z_2 fließen. Die Verschiebeblöcke mit Rädern 1 und 3 wie 5 und 7 werden verschoben, Kolbenstange d wird zurückgedrückt (hier nach rechts, Leitungen nicht gezeichnet); Kolben k_1 geht nach unten, wodurch wieder z_3 kuppelt, und gibt Leitung h frei; k_2 wird zurückgeschoben und damit e_2 gesperrt. Die Pumpe P drückt den Sammler S wieder voll

hier leicht auftretenden Hemmungen und sind daher für den Einbau in Getriebe mit Vorwähleinrichtungen und Steuerungen sehr geeignet. Beim Vorwählen werden die Ventile gesteuert und beim Schalten nimmt dann das Drucköl seinen vorgeschriebenen Weg. Wird im Stillstand geschaltet und liegt Zahn gegen Zahn, so rückt sich das Rad bei Anlauf der Maschine sofort ein, da der Schaltkolben noch unter Druck steht (Bild 97). Die Vorteile der hydraulischen und elektrischen Bauelemente sind dann vereinigt in den elektrohydraulischen Steuerungen (s. a. Werkstattbuch Heft 101).

Zweckmäßig wählt man bei Getrieben, die mit hydraulischer oder elektrischer Vorwählung oder Programmsteuerung ausgerüstet werden sollen, einen Getriebeaufbau, dessen Gänge nur durch Kuppeln zu schalten sind und wählt dann etwa ein 8stufiges Getriebe mit elektromagnetischen oder hydraulischen Kupplungen (Bild 56), angetrieben durch polumschaltbaren Motor, wenn man 16 Drehzahlen erhalten will. Man vermeide hier Dreierblöcke und -gänge.

48. Die Schmierung der Räderkästen soll selbsttätig arbeiten, so daß keine oder nur sehr wenige Stellen an Nebengetrieben vorhanden sind, die der Bedienungsmann mit der Schmierkanne besonders schmieren muß. Das Öl muß sich abkühlen können und beim Umlauf gefiltert werden. Das Filter soll leicht herausnehmbar sein. Splitterfänger, ausgerüstet mit einem Dauermagneten, ziehen die Metallsplitter an und machen sie dadurch unschädlich. Die Zentralschmierung in Bild 98 besteht aus einem Sammelbehälter g, aus dem das Öl über Pumpe h und Filter (liegt hinter der Pumpe) gegen ein Schauglas i gefördert wird, so daß man das ein-

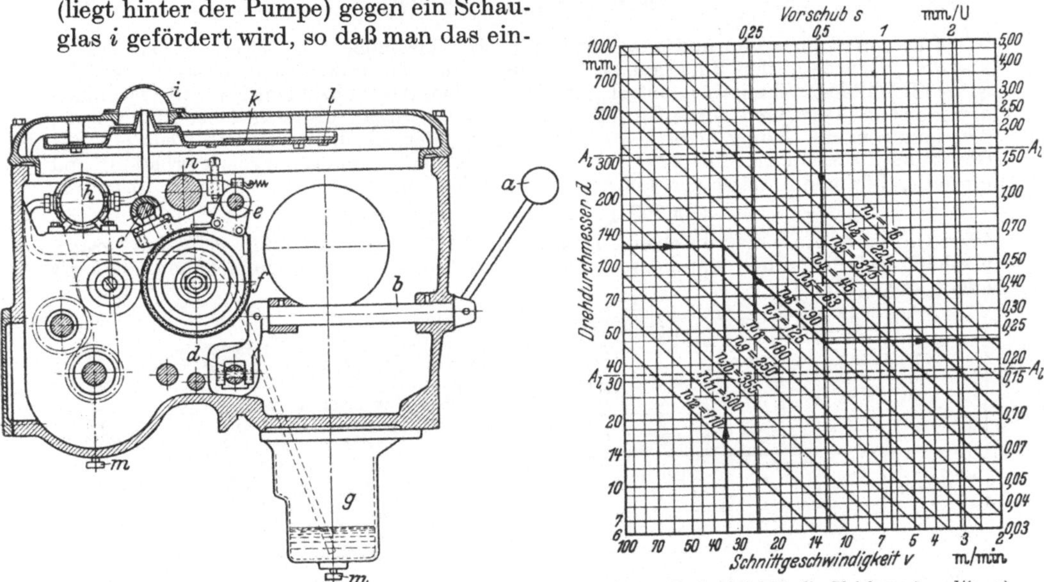

Bild 98. Zentralschmierung

Bild 99. Rechentafel für die Gleichung $t_h = l/(s \cdot n)$ bei $l = 10$ mm. (t_h in min s. rechts)

wandfreie Arbeiten der Schmierung beobachten kann. Von hier läuft das Öl über eine Verteilungsplatte k durch Tropflöcher l oder Leitungen zu den einzelnen Schmierstellen, um von dort in den Sammelbehälter zurückzufließen. Bei Druckschmierung wird das Öl nicht über einen Hochbehälter, sondern unmittelbar über Leitungen den Schmierstellen zugeführt. Derartige Schmiereinrichtungen sind für auseinanderliegende Getriebe, wie in Bohrwerken, Karusselldrehmaschinen u. ä., geeignet.

In kleineren geschlossenen Getrieben kommt man auch ohne Ölpumpen aus, wenn man auf der untersten Welle Ölschleudern anbringt, die in das am Boden stehende Öl eintauchen und es beim Lauf gegen die Decke des Getriebekastens schleudern. Damit nun aber das Öl nicht an den Wänden abläuft, bringt man dreieckige Rippen mit Tropfnasen an, so daß das Öl über den Schmierstellen abtropft. Durch das abtropfende und umhergeschleuderte Öl erreicht man eine zuverlässige Schmierung. Die Stirnräder selbst lasse man möglichst nicht eintauchen, da diese das Öl mehr erwärmen und zum Schäumen bringen, besonders wenn der Ölstand zu hoch liegt. Wenn aber eintauchende Räder schmieren sollen, dann fülle man das Öl nur bis etwa zum Fußkreis des Rades. Die Wälzlager des Getriebes werden oft mitgeschmiert. Mit engen Sitzen gelagerte Spindeln verlangen aber dünnflüssigere Öle und daher einen besonderen Ölkreislauf. Offenliegende Räder schmiere man mit den gut haftenden Sonderfetten (s. a. Werkstattbuch Heft 48, KREKELER, Öl im Betrieb).

F. Das Arbeiten mit den Getrieben

49. Darstellen der Drehzahlverhältnisse. Arbeitszeit. Wenn man die Getriebe und damit die Werkzeugmaschinen gut ausnutzen will, so verschafft man sich zweckmäßig einen Überblick, in dem die Zusammenhänge zwischen den gegebenen

Drehzahlen und Vorschüben mit der Schnittgeschwindigkeit, dem Arbeitsdurchmesser und der Arbeitszeit gezeigt werden.

Die *Maschinenzeit* als Hauptzeit t_h — meist in min angegeben — ist durch die Gleichung $t_h = L/u$ bestimmt (L = Arbeitslänge in mm, u = Vorschub in mm/min). Für die Werkzeugmaschinen, bei denen der Vorschub von der Arbeitsspindel abgenommen und daher als s in mm/Umdr. angegeben wird, setzt man $u = s\,n$. Dann wird $t_h = L/s\,n$ oder, da nach (1a) $n = 1000\,v/d\,\pi$

$$t_h = \frac{L}{u} = \frac{L\,d\,\pi}{1000\,v\,s}\ \text{in min} \tag{48}$$

mit d in mm, v in m/min und s in mm/Umdr. Der Zusammenhang zwischen den Größen $v - d - n$ wurde in den Bildern 4 bis 7 gezeigt. Für den praktischen Gebrauch wird das Schaubild mit logarithmischen Leitern günstiger, da hier die Drehzahlen als parallele Geraden mit gleichen Abständen verlaufen. Damit wird der Aufbau übersichtlicher und für die Ablesung genauer. Man geht für die Darstellung von der Gleichung (48) aus, wenn man die Gleichung logarithmiert, mit 200 erweitert (um geeignete Abmessungen zu erhalten) und umstellt. Für eine Arbeitslänge von $L = 10$ mm erhält man

$$\lg 200\,t_h - \lg (2\,\pi/s) = \lg d - \lg v\;.$$

Diese Gleichung stellt man durch eine *Netztafel* dar, deren linke und untere Seite den Zusammenhang zwischen d und v und deren obere und rechte Seite den Zusammenhang von $2\,\pi/s$ und t_h zeigt (Bild 99).

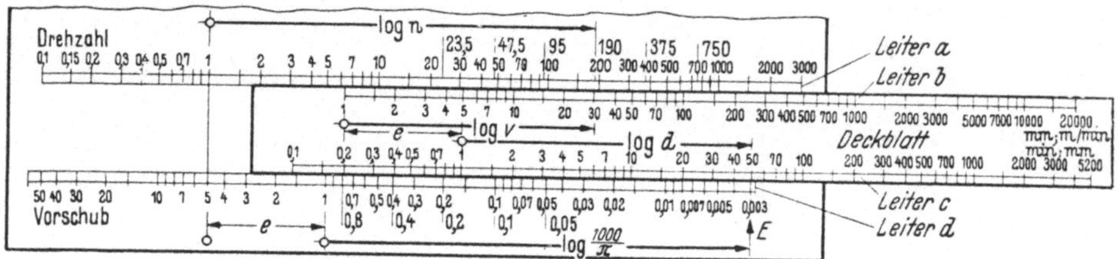

Bild 100. Leitertafel für die Gleichungen $v = d\,\pi\,n$ und $t_h = L/u$

Bild 101. Rechenweg für die Leitertafel nach Bild 100

Zur Erleichterung der Drehzahleintragung wird $d = 1000/\pi$ oder $= 100/\pi$ gesetzt. Dann wird aus $n = 1000\,v/d\,\pi$ die Gleichung $n = v$ bzw. $n = 10\,v$. Ist also die Drehzahl $n = 45$ Umdr./min einzutragen, so sucht man auf der v-Leiter den Wert 45, geht senkrecht bis zur A_l-Linie (Auftragslinie) und zieht durch diesen Schnittpunkt eine Gerade unter 45°. Wäre dagegen $n = 500$ Umdr./min einzutragen, so sucht man auf der v-Leiter den Wert $50 = n/10$ auf, geht nur bis zum Schnitt mit der unteren A_l-Linie und erhält dann die Gerade für $n = 500$.

Will man die an der Maschine vorhandenen Vorschübe eintragen, so errechnet man die zugehörigen Werte $2\,\pi/s$ und trägt diese Werte als Senkrechte auf der oberen Leiter ab. An die Senkrechten schreibt man aber die s-Werte, da ja nur diese gebraucht werden. Ist also z. B. der Vorschub 0,5 vorhanden, so wird $2\,\pi/s = 2\,\pi/0,5 = 12,56$. Man sucht auf der v-Leiter diesen Wert auf und zieht senkrecht über die ganze Netztafel die s-Gerade, an die man oben anschreibt „0,5".

Netztafeln ähnlich Bild 99 haben durch die ältere Ausgabe der AWF-Maschinenkarten große Verbreitung gefunden. Als Beispiel für den Gebrauch ist eingezeichnet, wie man für den gegebenen Werkstückdurchmesser $d = 120$ mm und die gewählte Schnittgeschwindigkeit $v = 35$ m/min die einzustellende Drehzahl $n = 90$ Umdr./min ermittelt. Wählt man dann einen Vorschub $s = 0,5$ mm/Umdr./min, so erhält man die Maschinenzeit $t_h = 0,23$ min für eine Bearbeitungslänge $L = 10$ mm. Ist nun die Arbeitslänge eine andere, z. B. 85 mm, so muß der gefundene Wert mit 85/10 multipliziert werden.

Dieses Umrechnen ist ein großer Nachteil solcher Netztafeln. Der Ausschuß für Maschinenkarten beim AWF hatte daher auch eine Leitertafel entwickelt (Bild 100). Hier werden auf der oberen Leiter a die vorhandenen Drehzahlen der Maschine nach außen abgetragen und auf der unteren Leiter d die Vorschübe. Gerechnet wird mit dem Deckblatt, auf dessen oberer Leiter b die Schnittgeschwindigkeit und auf der unteren c die Durchmesser angegeben sind. Man stellt den zu bearbeitenden Durchmesser der Leiter c — hier 50 mm — über dem Zeichen E der Leiter d ein. Über der gewählten Schnittgeschwindigkeit, hier $v = 30$ m/min, findet man die nächstliegende Drehzahl, hier $n = 190$ Umdr. Damit ist die

Gleichung $n = 1000\, v/d\,\pi$ gelöst. Die Strecke lg $(1000/\pi)$ liegt auf der Leiter d von 1 bis E. Aus praktischen Gründen sind die Teilungen für $1000/\pi$ und d gegen die Leiter a und b um den Betrag e verschoben. Die Arbeitszeit wird dann ermittelt, wenn man unter der gefundenen Drehzahl n — hier 190 Umdr./min — auf Leiter b die gegebene Arbeitslänge L einstellt (Bild 101) und über dem gewählten Vorschub auf Leiter d die Zeit auf Leiter c abliest.

In dem Werkstattbuch Heft 90, HAPPACH, Techn. Rechnen II, ist die Gl. (1) durch Leitertafeln dargestellt. Mit Leitertafeln kann man schnell und sicher rechnen. Die Netztafeln nach Bild 99 besitzen demgegenüber den Vorteil, daß man die Zusammenhänge besser übersehen kann. Weitere Ausführungen solcher Rechentafeln findet man im Schrifttum, wie in dem erwähnten Werkstattbuch Heft 90.

50. Anzeigevorrichtungen gestatten, den Betrieb der Maschine zu überwachen. Wie die Rechentafeln die Arbeitsvorbereitung oder Stückzeitrechnung erleichtern, so sollen die Anzeigevorrichtungen dem Mann an der Maschine die Möglichkeit geben, die vorgeschriebene Drehzahl einzustellen oder die wirtschaftliche Drehzahl zu finden. Werden dem Bedienungsmann mit der Arbeitskarte die Drehzahlen vorgeschrieben, dann genügen an der Maschine übersichtliche Tafeln, aus denen man schnell die Hebelstellungen für die einzelnen Drehzahlen ablesen kann. In Bild 102 ist die Anzeige

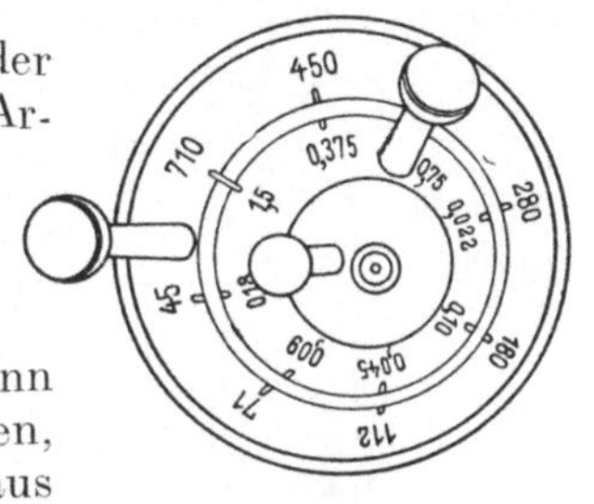

Bild 102. Anzeigevorrichtung für Haupt- und Vorschubgetriebe

für die Hauptspindeldrehzahlen mit der für die Vorschübe vereinigt. Mit dem Schalten der Bedienungshebel werden die Zahlenringe gedreht: die Hauptspindel läuft in der gezeichneten Stellung mit 710 Umdr./min, der Vorschub beträgt 1,5 mm/Umdr. Der mittlere Hebel ist für das Wenden.

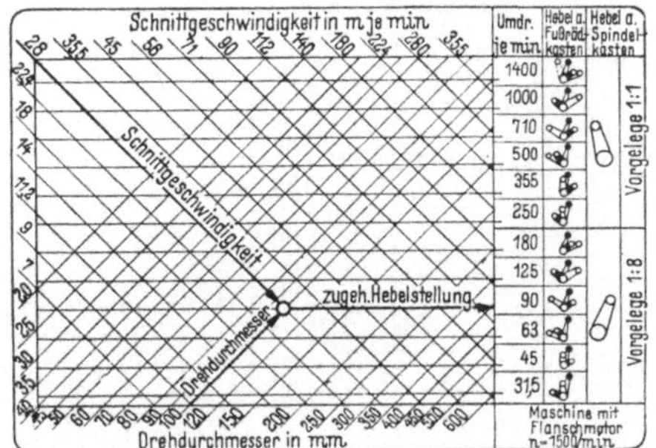

Bild 103. Rechentafel mit Hebelstellungen am Spindelkasten der Maschine

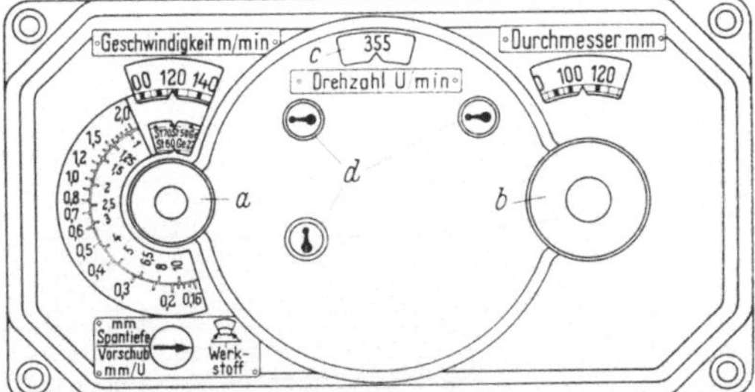

Bild 104. Drehzahlwähler mit Leistungsbestimmung (Kienzle). Durch Drehen an Knöpfen a und b (Schnittgeschwindigkeit und Durchmesser) erhält man in Fenster c die zugehörige Drehzahl. In den Fenstern d erscheinen die Stellungen der Schalthebel

Andere Tafeln oder Wähler zeigen den **Zusammenhang zwischen Drehzahl, Schnittgeschwindigkeit und Durchmesser.** In Bild 103 ist das logarithmische Schaubild — um 45° gedreht — als Anzeigetafel ausgebildet. Erhält der Bedienungsmann nur Richtwerte für die Schnittgeschwindigkeit, so kann er nunmehr zu dem Durchmesser die Drehzahl einstellen. Während aber eine Tafel nach Bild 103 immerhin bei dem Bedienungsmann einige Übung zum schnellen Ablesen voraussetzt, ist die Bedienung des Geschwindigkeitswählers nach Bild 104 sehr einfach. Der Wähler ist auf Grund eines Leistungsschaubildes entwickelt und zeigt auch Vorschub und Spantiefe an. Er ist unabhängig vom Getriebe schaltbar.

V. Beispiele

27. Beispiel. Es ist der Haupt- und Vorschubantrieb einer Drehbank zu berechnen (Spitzenhöhe 225 mm). Der Hauptantrieb soll mit 12 Drehzahlen und dem Stufensprung

$\varphi = 1,4$ ($R\ 20/3$) ausgeführt werden. Um die Maschine für verschiedene Werkstoffe gut ausnutzen zu können, soll ihr Drehzahlbereich durch Auswechseln zweier Räder leicht einstellbar sein auf

$$B_1 = 12\cdots500,\ B_2 = 16\cdots710,\ B_3 = 23\cdots1000,\ B_4 = 32\cdots1400,\ B_5 = 45\cdots2000\ \text{Umdr./min.}$$

Antrieb durch Motor oder über Keilriemen, daher Drehzahl der Antriebswelle $n_I = 1500$ Umdr./min, unter Last abfallend auf $n \approx 1400$ Umdr./min. Antriebshöchstleistung $N = 7,5$ kW.

Das Vorschubgetriebe soll alle genormten Gewindesteigungen von 0,5···15 mm und 2···60 Gänge je Zoll liefern. Leitspindelsteigung 12 mm. Für das Schneiden der Steilgewinde soll man diese Vorschübe um das 8fache vergrößern können.

Längsvorschübe im Bereich von 0,07···2 mm/Umdr., Planvorschübe halb so groß.

Lösung. **a)** Aufbau des Hauptantriebes. 12stufige Getriebe werden am günstigsten aufgeteilt in $12 = 3 \times 2 \times 2$, also in ein 6stufiges Dreiwellengetriebe mit nachge-

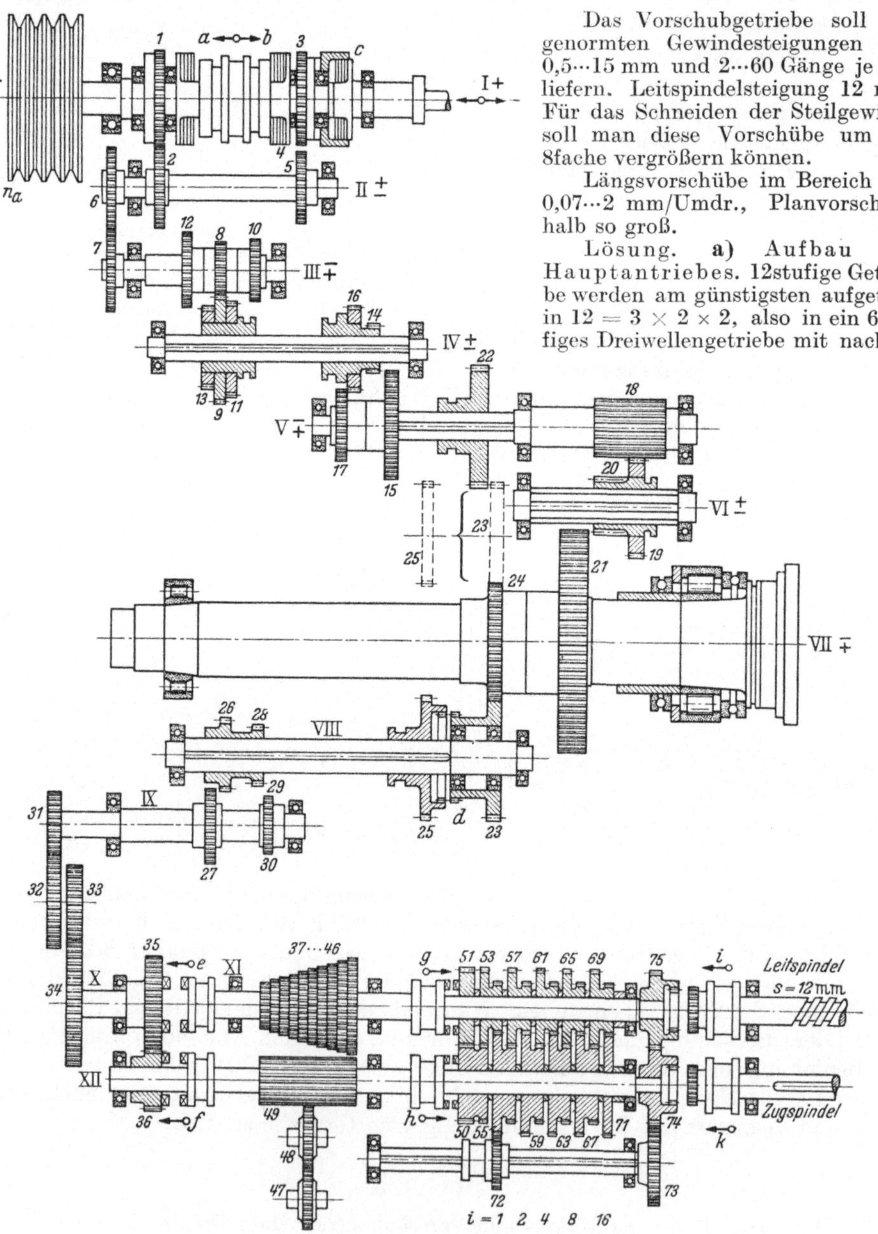

Bild 105. Haupt- und Vorschubgetriebe einer Spitzendrehmaschine zu Beispiel 27

schalteten zwei Stufen. Diese Anordnung ergibt sich hier auch deshalb zwangläufig, weil für den Steilvorschub, den man von einer Vorwelle abzunehmen pflegt (siehe Abschnitt 44), eine 8fache Vergrößerung des Normalvorschubes gefordert ist. Nun ist aber $\varphi^6 = 1{,}4^6 = 8$ der geforderte Übersetzungssprung, der mit dieser Anordnung zu erreichen ist. Für 6stufige Getriebe ist Bild 50α die günstigste Anordnung. Das hintergeschaltete Zweistufengetriebe könnte auch als Vorgelege ausgeführt werden. Dann käme man aber zu einer Anhäufung von Rädern und Hülsen oder man müßte noch eine weitere Zwischenwelle anbringen (vgl. Bild 28). So wird daher die Anordnung nach Bild 105 gewählt.

Welle I läuft mit der Antriebsdrehzahl. Dem Wechselgetriebe sind ein Wendegetriebe mit den Rädern $1-2$ oder $3-4-5$ wie auch die auswechselbaren Räder $6-7$ vorgeschaltet. Auf Welle III sitzen fest die Räder $8-10-12$, die Gegenräder $9-11-13$ sind in einem Block schaltbar. Auf der Vielkeilwelle IV sitzt dann noch ein zweiter Block $14-16$, dessen Gegenräder auf Welle V festsitzen. Mit diesem Getriebe können 6 Drehzahlen geschaltet werden, die dann durch die Schaltwege $22-23-24$ und $18-19-20-21$ verdoppelt werden. Vier Räder müssen hier vorgesehen werden, da ja der Übersetzungssprung $= 8$ ist. Auf-

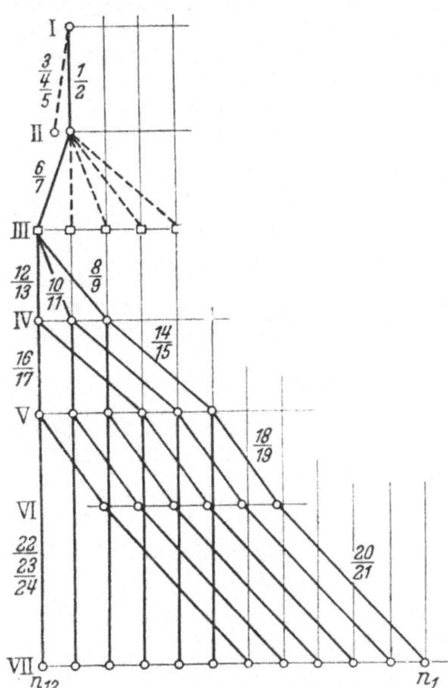

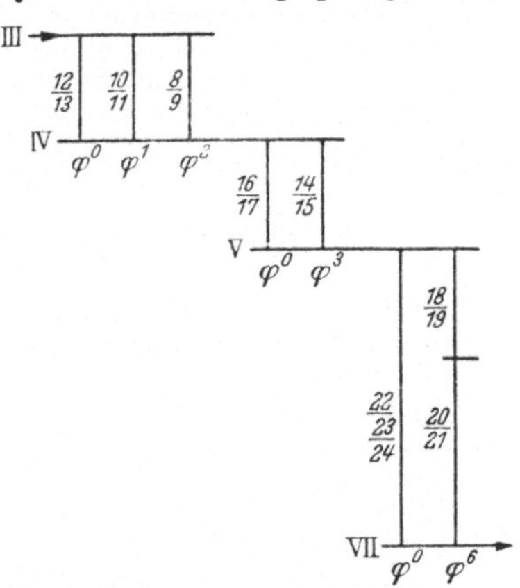

Bilder 106 u. 107. Drehzahlbild und Aufbauplan für das Hauptgetriebe in Bild 105

bauplan und Aufbaunetz (Bilder 107, 108) zeigen die notwendigen Übersetzungen. Daraus ergeben sich dann:

$$z_{12}/z_{13} = 1; \quad z_{10}/z_{11} = 1/\varphi = 1/1{,}4; \quad z_8/z_9 = 1/\varphi^2 = 1/2$$
$$z_{16}/z_{17} = 1; \quad z_{14}/z_{15} = 1/\varphi^3 = 1/2{,}82$$
$$z_{22}/z_{24} = 1; \quad (z_{18}/z_{19}) \cdot (z_{20}/z_{21}) = 1/\varphi^6 = (1/\varphi^2) \cdot (1/\varphi^4) = (1/2) \cdot (1/4) .$$

Tabelle 16

Hauptgetriebe			
Räder	z	m	b_v
1,2	52	2	6
3	54	2	6
4	40	2	6
5	45	2	6
8	30	2	6
9	60	2	6
10	37	2	6
11	53	2	6
12, 13	45	2	6
14	19	2,5	8
15	53	2,5	8
16, 17	36	2,5	6
18	20	3	7
19	40	3	7
20	18	3,5	10
21	72	3,5	10
22, 23, 24	45	3	7
25	45	3	4

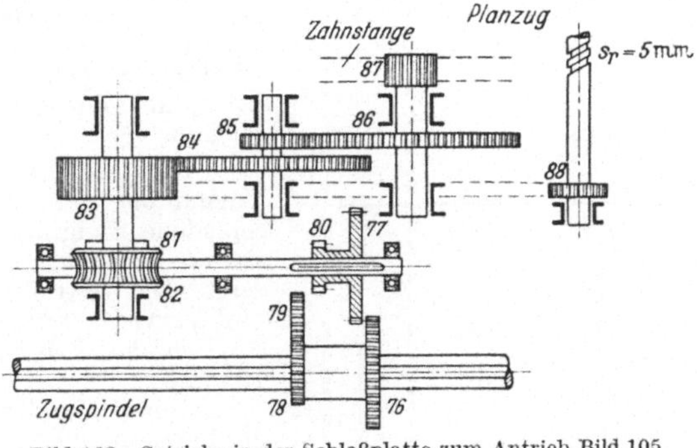

Bild 108. Getriebe in der Schloßplatte zum Antrieb Bild 105

Die gewählten Zähnezahlen sind aus der Tab. 16 zu entnehmen. Mit ihnen sind dann die wirklich erreichten Drehzahlen nachzurechnen. Um hierbei auf die Normdrehzahlen zu kommen, muß man die Lastdrehzahl des Motors als Antriebsdrehzahl einsetzen. Die verschiedenen Drehzahlbereiche erreicht man durch Umstecken oder Auswechseln der Räder 6 und 7. Es wird

für B_1: $z_6 = 25$, $z_7 = 71$; für B_2: $z_6 = 32$, $z_7 = 64$; für B_3: $z_6 = 40$, $z_7 = 56$;

für B_4: $z_6 = z_7 = 48$ und schließlich für B_5: $z_6 = 56$ und $z_7 = 40$.

b) Aufbau und Drehzahlrechnung am Vorschubgetriebe. Der Vorschub wird von der Spindel über die Vorwelle VIII abgenommen, die mit der gleichen Drehzahl läuft wie die Spindel, da $z_{23}/z_{24} = 1$ ist. Zahnkupplung d ist dann eingerückt. Bei Schnellvorschub treibt Rad 22 auf 25, Kupplung d ist ausgerückt. Welle VIII läuft dann mit der gleichen Drehzahl wie Welle V, also, wenn die Spindel über die Räder $18-19-20-21$ getrieben wird, achtmal so schnell wie die Spindel. Das Wendegetriebe läuft über Verschieberäder $26-27$ oder $28-29-30$. Die Wechselräder $31-32-33-34$ führen zum Vorschubwechselgetriebe. Für die Normsteigungen sind die Wechselräder mit dem Zähneverhältnis $2:3$ aufgesteckt.

Der Antrieb der Zugspindel für den Längsvorschub geht dann von Welle X über Kupplung e, Welle XI, Schwenkradgetriebe auf Rad 49, über Kupplung h in das Vervielfachungsgetriebe, dann Räder 72, 73, 74, Kupplung k, Zugspindel zu der Schloßplatte (Bild 108). Hier über $76-77$ oder $78-79-80$ zur Schnecke 81, Schneckenrad 82, Räder $83-84-85-86$, Ritzel 87 zur Zahnstange. Ritzel 87 ist korrigiert, so daß sein Teilkreisdurchmesser 35 mm wird und sein Umfang $35 \cdot \pi = 110$ mm. Vernachlässigt man die Übersetzungen mit $i = 1$, so wird das nicht einstellbare Zähneverhältnis (der „feste Weg") zwischen Spindel und Zahnstange

$$(2/3) \cdot (2/30) \cdot (48/75) \cdot (28/77) \cdot 110 = 256/225 \ .$$

<table>
<tr><td rowspan="2">

Tabelle 17

</td></tr>
</table>

	Tabelle 17		
Vorschubgetriebe			
Räder	z	m	b_v
26, 27	40	2	6
28, 30	35	2	6
35	92	1,05	20
36	57	1,05	20
37	32	1,5	7
38	36	1,5	7
39	38	1,5	7
40	40	1,5	7
41	42	1,5	7
42	44	1,5	7
43	48	1,5	7
44	52	1,5	7
45	56	1,5	7
46	60	1,5	7
49	32	1,5	7
50	61	1,29	15
51	60	1,29	15
52, 53 56, 57 60, 61, 64 65, 68, 69	39	2	5,5
55, 59, 63 67, 71	52	2	5,5
54, 58, 62 66, 70, 72	26	2	5,5
73, 74, 75	39	2	7
76, 77	32	2	6
78, 80	28	2	6
81	2	2,5	7
82	30	2,5	7
83	48	2	6,5
84	75	2	6,5
85	28	2	6,5
86	77	2	6,5
87 ($d_0 = 35$)	11	3	10
88	20	2	7,5

Der kleinste Längsvorschub mit den Rädern $37-49$ im Schwenkradgetriebe und dem vollen Gang durch das Vervielfachungsgetriebe ($i = 16/1$) wird

$$\min s = (256/225) \cdot (1/1) \cdot (1/16) = 0,07 \text{ mm/Umdr.}$$

Der größte Vorschub mit Rädern $36-49$ im Schwenkgetriebe und $i = 1$ im Vervielfachungsgetriebe wird

$$\max s = (256/225) \cdot (60/32) = 2,13 \text{ mm/Umdr.}$$

Für den Planvorschub ist der Weg bis Rad 83 der gleiche wie bei dem Längsvorschub. Dann geht er jedoch von 83 auf 88 und auf die Planspindel mit 5 mm Steigung. Demnach wird der kleinste Planvorschub

$$\min s_p = (2/3)(32/32)(1/16)(2/30)(48/20) \cdot 5 = 0,033$$

und der größte Planvorschub

$$\max s_p = (2/3)(60/32)(1/1)(2/30)(48/20) \cdot 5 = 1 \text{ mm/Umdr.}$$

Mit den 10 Stufen des Schwenkradgetriebes und den 5 Stufen des Vervielfachungsgetriebes können demnach insgesamt je 50 Vorschübe für den Längs- und Planzug eingeschaltet werden. Zähnezahlen und Abmessungen s. Tabelle 17. In der Tab. 18 sind die Vorschubwerte zum Teil ein wenig gerundet und nach der Grundreihe $R\,20$ mit $\varphi = 1,12$ ausgewählt. Daran wird gezeigt, daß man die durch die Gewindesteigungen bedingten Räderverhältnisse gut ausnutzen kann, um eine geometrisch gestufte Vorschubreihe zu erreichen.

c) Berechnung der Steigungen. Der Aufbau für ein Vorschubgetriebe mit Schieberädern, mit dem man verschiedene Steigungen für metrisches und Zollgewinde einstellen kann, war schon in Bildern 66, 67 (Beispiel 22) gezeigt. Das Getriebe nach Bild 105 ist nun mit Schwenkrad- und Vervielfachungsgetriebe aufgebaut und gestuft für den Antrieb der Leitspindel mit der genormten Steigung von 12 mm.

Beim Schneiden metrischer Gewinde geht der Antrieb der Leitspindel von Welle IX über $31-32-33-34$, Welle X,

Tabelle 18. *Einstellbare Längs- und Planvorschübe, gerundet und ausgewählt nach Grundreihe R 20 (DIN 803, $\varphi = 1{,}12$, s. Tab. 3)*

Zähnezahlen der Räder im Schwenkradgetriebe	Längsvorschübe Zähneverhältnisse im Vervielfachungsgetriebe					Planvorschübe Zähneverhältnis im Vervielfachungsgetriebe				
	1	$\frac{1}{2}$	$\frac{1}{4}$	$\frac{1}{8}$	$\frac{1}{16}$	1	$\frac{1}{2}$	$\frac{1}{4}$	$\frac{1}{8}$	$\frac{1}{16}$
32/32	1,12	0,56	0,28	0,14	0,07	0,56	0,28	0,14		0,03
36/32	1,25	0,63	0,32	0,16	0,08				0,07	
38/32						0,63	0,32			
40/32	1,4	0,71	0,35	0,18	0,09			0,16	0,08	0,04
42/32						0,71	0,36			
44/32	1,6	0,8	0,4	0,2	0,1			0,18	0,09	
48/32						0,8	0,4	0,2	0,1	0,05
52/32	1,8	0,9	0,45	0,23	0,11	0,9	0,45	0,22		
56/32	2	1	0,5	0,25	0,12				0,11	
60/32						1	0,5	0,25	0,12	0,06

Kupplung *e*, *37…46*, Schwenkrad *47* auf Rad *49*, Kupplung *h* auf Rad *50* des Vervielfachungsgetriebes, dann über Räder *73—74—75*, Kupplung *i* auf die Leitspindel. Mit dem Zähneverhältnis der Wechselräder 2/3 ist das feste Verhältnis dieses Weges $2/3 \cdot 12 = 8$. Die übrigen Vorschübe sind in der Tabelle 19 zusammengestellt.

Beim Schneiden der Zollgewinde geht der Antrieb von Welle *IX* über die Wechselräder auf Welle *X*, *35—36*, Kupplung *f* auf Schwenkradgetriebe von Rad *49* aud *37…46*, Welle *XI*, Kupplung *g* über *51—50* in das Vervielfachungsgetriebe, Räder *73—74—75*, Kupplung *i* auf die Leitspindel. Das feste Verhältnis dieses Weges ist dann

$$(2/3)\,(92/57)\,(60/61) \cdot 12 = 12{,}7 = 1/2'' \text{ oder } 2 \text{ Gänge}/''.$$

Aus der Aufstellung in der Tabelle 20 ergeben sich die übrigen Gangzahlen/'', die man mit dem Schwenkrad- und Vervielfachungsgetriebe einstellen kann.

Tabelle 19. *Schalten der Steigungen für metrische Gewinde (mm)*

Zähnezahlen der Räder im Schwenkradgetriebe	Räderverhältnis im Vervielfachungsgetriebe				
	1	$\frac{1}{2}$	$\frac{1}{4}$	$\frac{1}{8}$	$\frac{1}{16}$
32/32	8	4	2	1	0,5
36/32	9	4,5	2,25	—	—
38/32	9,5	4,75	—	—	—
40/32	10	5	2,5	1,25	—
42/32	10,5	5,25	—	—	—
44/32	11	5,5	2,75	—	—
48/32	12	6	3	1,5	0,75
52/32	13	6,5	3,25	—	—
56/32	14	7	3,5	1,75	—
60/32	15	7,5	3,75	—	—

Tabelle 20. *Schalten der Steigungen für Zoll-Gewinde (Gänge/'')*

Zähnezahlen der Räder im Schwenkradgetriebe	Räderverhältnis im Vervielfachungsgetriebe				
	1	$\frac{1}{2}$	$\frac{1}{4}$	$\frac{1}{8}$	$\frac{1}{16}$
32/32	2	4	8	16	32
32/36	$2^1/_4$	$4^1/_2$	9	18	36
32/38	$2^3/_8$	$4^3/_4$	$9^1/_2$	19	38
32/40	$2^1/_2$	5	10	20	40
32/42	$2^5/_8$	$5^1/_4$	$10^1/_2$	21	42
32/44	$2^3/_4$	$5^1/_2$	11	22	44
32/48	3	6	12	24	48
32/52	$3^1/_4$	$6^1/_2$	13	26	52
32/56	$3^1/_2$	7	14	28	56
32/60	$3^3/_4$	$7^1/_2$	15	30	60

d) Leistungsverhältnisse im Hauptantrieb. Die Leistung der Drehbank wird bestimmt durch den Spanquerschnitt oder die Kraft an der Schneide, die man bei der höchsten Drehzahl noch erreichen kann. Da diese Bank nun mit verschiedenen Bereichen laufen soll, werden sich für die jeweils höchsten Drehzahlen auch verschiedene Momente an der Spindel ergeben. Mit der gegebenen Antriebsleistung von $N = 7{,}5\,\text{kW}$ ergibt sich ein Antriebsdrehmoment $M_a = 7{,}5 \cdot 97400/1420 \approx 500\,\text{kpcm}$. Bei einem Gesamtwirkungsgrad des Getriebes von $\eta \approx 0{,}9$ entspricht diesem Antriebsdrehmoment bei der höchsten Drehzahl $n_{12} = 2000\,\text{Umdr./min}$ ein Drehmoment an der Spindel $M_{2000} = 0{,}9 \cdot 500 \cdot 1420/2000 \approx 320\,\text{kpcm}$. Demnach zieht die Maschine auch bei hohen Drehzahlen und Verwendung von Hartmetallen noch genügend durch. Für dieses Moment bei der hohen Drehzahl wird sich das Getriebe leicht bemessen lassen.

Legt man nun aber die gleiche Antriebsleistung auch für die niedrigste Drehzahl bei dem untersten Bereich B_1 zugrunde, so erhält man für $n_1 = 12$ ein Moment $M_{12} = 0{,}9 \cdot 500 \cdot 1402/12$

≈ 53000 kpcm. Ein derartig hohes Moment bedingt sehr große Abmessungen des Getriebes, die dann bei den hohen Drehzahlen gar nicht ausgenutzt werden. Die Verhältnisse liegen hier also ähnlich wie bei den Sonderdrehmaschinen für Hartmetallbearbeitung, Vielmeißeldrehmaschinen usf. (s. Abschn. 43), bei denen die hohen Antriebsleistungen nur für die schnellen Drehzahlen vorgesehen sind. Die Momente an der Spindel wachsen dann nicht umgekehrt proportional zur fallenden Drehzahl. Das hat den Vorteil, daß die Abmessungen des Getriebes kleiner werden und nicht mehr nach dem größten, theoretisch möglichen Moment berechnet werden müssen.

Am gefährdetsten ist das Rad *20*, das mit kleiner Zähnezahl und daher auch kleinem Durchmesser (Hebelarm) das große Moment übertragen muß. Da dieses Rad viermal so schnell läuft wie das Bodenrad *21*, werden allerdings die auftretenden Momente auch nur ein Viertel der für Rad *21* berechneten. Für dieses Rad sollen nun die Verhältnisse rechnerisch nachgeprüft werden, da durch die Leistung von Rad *20* auch die Gesamtleistung des Getriebes begrenzt ist. In Bild 109 sind die Momente für Rad *20* bei der Höchstleistung $N = 7{,}5$ kW in Abhängigkeit der bei den verschiedenen Bereichen vorhandenen niedrigsten Drehzahlen des Rades *20* aufgetragen (logarithmische Maß-

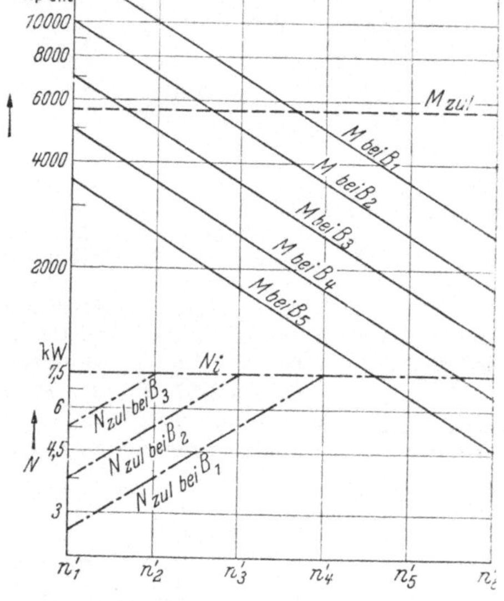

Bild 110. Zulässige Leistungen und Drehmomente für die unteren sechs Drehzahlen bei den verschiedenen Drehzahlbereichen

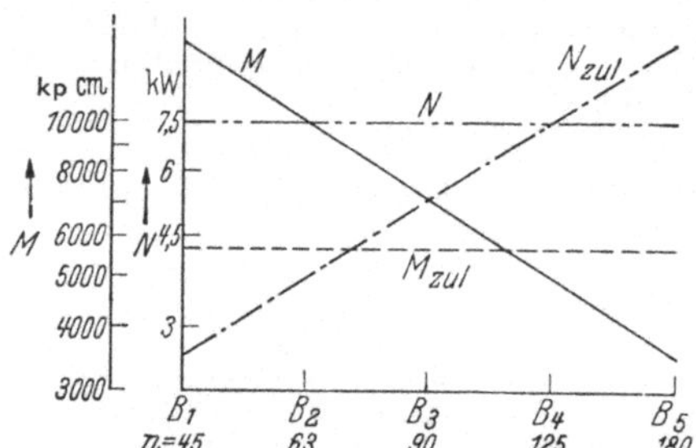

Bild 109. Zulässige Leistungen und Drehmomente bezogen auf Rad *20* bei verschiedenen Drehzahlbereichen

stäbe). Das zulässige Moment ist aber viel kleiner als die Höchstmomente. Es wird mit der Zahnbruchgleichung (38) berechnet zu

$$M_{d zul} = \frac{m^3 \cdot \sigma_{zul} \cdot z \cdot b_v}{20\,q} = \frac{43 \cdot 34 \cdot 18 \cdot 10}{20 \cdot 2{,}3} \approx 5700 \text{ kpcm}$$

wenn als Werkstoff Einsatzstahl 13 NiCr 18, gehärtet oder ein ähnlicher Stahl, Tabelle 12 mit $\sigma_{bSch} = 43$ kp/mm² und $S_B = 1{,}25$, also $\sigma_{zul} = 43/1{,}25 \approx 34$, der Modul mit $m = 3{,}5$ und $b_v = 10$ angenommen wird. Aus dem zulässigen Moment $M_{d zul}$ kann die zulässige Leistung N_{zul} errechnet und auch in das Schaubild eingetragen werden. Schließlich kann man für diese Drehzahlen auch noch die Wälzpressung nachrechnen. Es zeigt sich — wie erwartet — daß die Pressung das Rad nicht gefährdet. Es würde nach Gl. (44)

$$K_{e zul} = \frac{20\,M}{z^2 \cdot b_v \cdot y_e \cdot m^3} = \frac{20 \cdot 5700}{324 \cdot 10 \cdot 0{,}2 \cdot 43} \approx 4\,.$$

Dann ist nach (44a)

$$K_{e grenz} = \frac{K_{e zul} \cdot S_F}{y_1 \cdot y_2 \cdot y_3} = \frac{4 \cdot 1{,}25}{1 \cdot 0{,}8 \cdot 1} \approx 6{,}5\,.$$

Aus Bild 83 folgt aber (Kurve *c*) bei $L_v \cdot n = 100 \cdot 180 \approx 18 \cdot 10^4$, daß $K_e \approx 10$.

Das Schaubild Bild 109 zeigt nun, daß bei B_1, B_2, B_3 das erreichbare Moment größer ist, als das zulässige Moment oder, daß dementsprechend die zulässige Leistung bei diesen drei Bereichen für die langsame Drehzahl unter der vorhandenen liegt. Führt man diese Untersuchung für die 6 niedrigen Drehzahlen der Drehzahlbereiche durch und trägt die Ergebnisse wieder in einem Schaubild auf, so erhält man die Übersicht nach Bild 110. Die Drehzahl n_4'

kann noch bei allen Drehzahlbereichen mit voller Leistung gefahren werden. Bei B_1 fällt die Leistung für die unteren drei Drehzahlen ab, bei B_2 für die unteren zwei und bei B_3 schließlich nur für die unterste Drehzahl. Bei B_1 läuft n_1 nur mit $N_{zul} = 2{,}65$ kW, also mit 36% der vollen Leistung. Es ist trotzdem nicht zu fürchten, daß das Rad *20* überlastet wird, da auch die übrigen Abmessungen und Größenverhältnisse der Maschine ein größeres Moment nicht zulassen. Meist wird für mittlere Drehmaschinen etwa eine Antriebsleistung $N \geqq$ Spitzenhöhe/100 in kW vorgesehen, hier also $225/100 \approx 2{,}25$ kW. Bei dem Drehzahlbereich B_1 ist aber noch eine Leistung von $2{,}65$ kW für die Drehzahl n_1 zulässig. Die Leistung ist demnach ausreichend und der scheinbare Nachteil der Minderleistung wird sich im Betrieb nicht auswirken, während neben den geringen Abmessungen der weitere Vorteil erreicht wird, für die verschiedenen Ausführungen der Maschine ein einheitliches Getriebe zu bauen, also in größeren Reihen aufzulegen.

Verzichtet man bei den Drehzahlbereichen B_1, B_2, B_3 darauf, bei den oberen Drehzahlen mit voller Leistung fahren zu können, wie dies bei gewöhnlichen Drehmaschinen üblich ist,

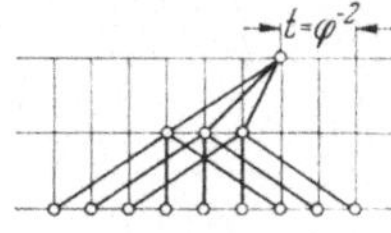

Bild 111. Aufbaunetz für ein neunstufiges Dreiwellengetriebe mit kleinster Zähnezahlensumme.

und soll im späteren Betriebe die Maschine auch nicht als Schnelldrehmaschine benutzt werden, so besteht natürlich auch die Möglichkeit, sie mit einem kleineren Motor von etwa 5 kW auszurüsten. Mit Rücksicht auf den elektrischen Wirkungsgrad ist dies sogar wünschenswert, da der kleinere Motor dann besser ausgenutzt wird, als der größere.

28. Beispiel. Für eine Fräsmaschine soll das Vorschubgetriebe berechnet werden.

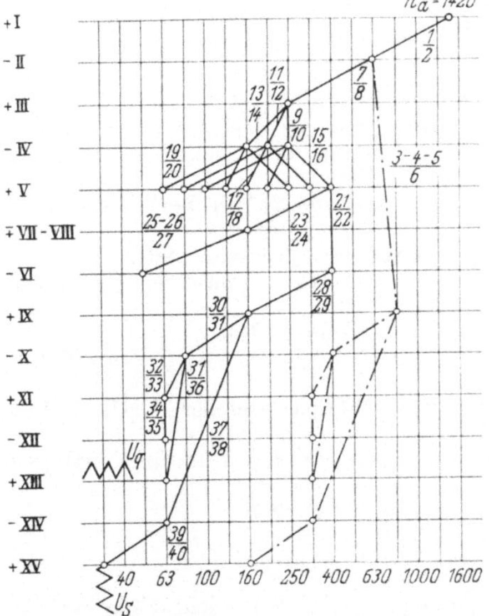

Bild 112. Drehzahlbild eines Vorschubgetriebes für eine Fräsmaschine (zu Beispiel 28). Es sind nur die Übersetzungen für die schnellsten Vorschübe eingezeichnet. Die anderen 17 Vorschübe ergäben ab Welle *V* parallele Geraden im Abstand $\log \varphi$. Der Eilgang ist strichpunktiert gezeichnet

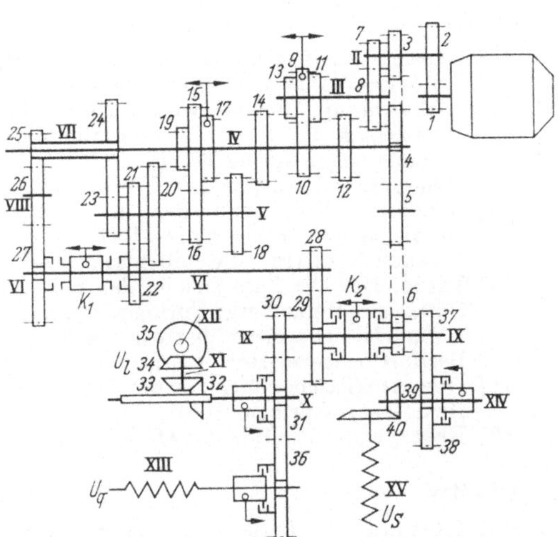

Bild 113. Plan eines Vorschubgetriebes zu Beispiel 28 ohne Wendegetriebe und Bremsen. Für den Eilgang sind hier zwei Zwischenräder *4* und *5* angenommen (Drehsinn!)

Die 18 Arbeitsvorschübe seien nach *R 10* gestuft und laufen längs und quer mit $u_l = u_q = 12{,}5 \cdots 630$ mm/min, senkrecht mit $u_s = 4 \cdots 200$ mm/min und im Eilgang längs und quer mit $u_{el} = u_{eq} = 3150$ mm/min, und senkrecht mit $u_{es} = 1000$ mm/min. Der Vorschubmotor, auch am Konsol angebracht, läuft mit 1420 Umdr./min. Steigung der Spindeln längs und quer $S_l = S_q = 10$ mm, senkrecht $S_s = 6$ mm.

Lösung. Bei den schnellsten Vorschüben werden die Drehzahlen der Tischspindeln $u_l/S_l = 630/10 = 63$ Umdr./min, der senkrechten Konsolspindel $u_s/S_s = 200/6 = 33{,}3$ Umdr./min. Demnach beträgt die gesamte Triebübersetzung $t_g = 1420/63 \approx 22{,}6$, die nun aufgeteilt werden muß auf die Übersetzung t_v vor dem Stufengetriebe, t des Stufengetriebes und t_h hinter dem Stufengetriebe, so daß $t_g = t_v \cdot t \cdot t_h$. Um einen möglichst günstigen Aufbau des Stufengetriebes zu erhalten, wird zunächst t festgelegt.

Die 18 Vorschübe werden durch ein Getriebe $3 \cdot 3 \cdot 2 = 18$ erzeugt. Das $3 \cdot 3 = 9$ stufige Getriebe könnte doppelt gebunden ausgeführt werden, wenn z. B. nach Tabelle 10 die Triebübersetzung $t = 1,6$ gewählt wird. (Aufbaunetz nach Bild 54.) Dann wäre nach Tabelle 10 $z_1/z_2 = 1,31/1$ und es ergeben sich $z_4/z_5 = 1,31/2 = 1/1,53$; $z_5/z_6 = (1/1,6) \cdot (1/1,31) = 1/2,1$; $z_2/z_3 = (1/1,59) \cdot (1/2,1) = 1/3,34$; ferner $z_7/z_8 = (1/1,53) \cdot (1/2) = 1/3,06$ und $z_9/z_{10} = (1/2,1) \times (1/1,25) = 1/2,62$.

Ein anderer Weg, der hier gewählt werden soll, wäre die Berechnung eines Stufengetriebes mit möglichst kleiner Zähnezahlensumme. Die geringste Zähnezahlensumme ergibt sich theoretisch, wenn die Antriebsdrehzahl im Aufbaunetz genau in der Mitte der Abtriebsdrehzahlen liegt. Dann ergeben sich aber in der Ausführung zu große Üersetzungen ins Schnelle, die zu vermeiden sind. Hier sei für das neunstufige Getriebe $t = \varphi e^2 = \varphi^{-2}$, also $e_2 = -2$ (Übersetzung ins Schnelle) gewählt. Bei Annahme gleicher Kleinstzähnezahlen wird dann nach Gl. (36) $e_1 = 0,5 (e_2 + 4) = 0,5(-2 + 4) = 1$. Damit ergäbe sich das Drehzahlbild Bild 111, wobei nun eine Übersetzung ins Schnelle mit $1:\varphi^3 = 1:2$ auftritt. Um diese zu vermeiden, wird ein etwas anderes Drehzahlbild gewählt, das in Bild 112 zwischen Wellen III bis V liegt (Die Zähnezahlensumme ist dann allerdings etwas größer; bei $z_{min} = 20$ wird sie ≈ 366 gegen 360 in Bild 111). Liegt nun $t = 1/1,6$ fest, so folgt $t_v \cdot t_h = t_g/t = 22,6/(1/1,6) \approx 36$. Die Aufteilung dieser Übersetzungen richtet sich nach baulichen Erfordernissen. Als Beispiel für die Ausführung diene Bild 113 mit dem Drehzahlbild 112. Baulich Einzelheiten wie Bremsen, Wendegetriebe und Schalter wurden in Bild 113 nicht gezeichnet.

Schrifttum

Bücher

[1] GERMAR, R.: Getriebe für Normdrehzahlen. Berlin: Springer 1932.

[2] SCHÖPKE-WALLICHS: Getriebeberechnung unter besonderer Berücksichtigung der Drehzahlnormung. Berlin: VDI-Verlag 1936.

[2a] SIMONIS, F. W.: Stufenlos verstellbare mechanische Getriebe. 2. Aufl. Berlin/Göttingen/Heidelberg: Springer 1959.

[3] RÖGNITZ, H.: Abspanende Werkzeugmaschinen. Stuttgart: Teubner 1961.

[4] SCHÖPKE, H.: Grundlagen der Konstruktion von Werkzeugmaschienengetrieben. Braunschweig: Westermann 1960.

[5] KÖHLER-RÖGNITZ: Maschinenteile, Teil 2. Stuttgart: Teubner 1961.

[6] TRIER, H.: Die Zahnformen der Zahnräder. Werkstattbücher H. 47, 5. Aufl. Berlin/Göttingen/Heidelberg: Springer 1958.

[7] TRIER, H.: Die Kraftübertragung durch Zahnräder. Werkstattbücher H. 87. 4. Aufl. Berlin/Göttingen/Heidelberg: Springer 1962.

[8] DUBBEL: Taschenbuch für den Maschinenbau Bd. I und II. 12. Aufl. Berlin/Göttingen/Heidelberg: Springer 1961.

[9] BETRIEBSHÜTTE, Bd. I u. II: 6. Aufl. Berlin: Ernst u. Sohn 1964.

Aufsätze

[10] THEIMAR, F.: Berechnung eines Dreiwellengetriebes unter Rücksichtnahme auf die geometrische Abstufung der Umlaufzahlen. Werkstattstechnik Bd. 17 (1923) H. 12, S. 353.

[11] KRYSPIN-EXNER: Stufenrädergetriebe, Werkstattstechnik, Bd. 19 (1925) 757.

[12] SCHULZ, G.: Toleranzmäßige Berechnung von Wechselrädern mit dem Rechenschieber. Werkst.-Techn./Werksl. 33 (1939) 326/27.

[13] SCHÖPKE, H.: Berechnung der Getriebe für Werkzeugmaschinen. Z. VDI Bd. 85 (1941) 679/86.

[14] FINKELNBURG: Wechselrädergetriebe, Zahnbezeichnung bei Umsteckrädern. Werkst. u. Betr. 3 (1949) 73.

[15] IRTENKAUF u. SCHUMACHER: Schaltmittel für mechanische Getriebe, Werkstattstechnik u. Maschinenbau 8 (1951) 329.

[16] ROHS, H. u. A. HEINEMANN: Doppeltgebundene Dreiwellengetriebe im Antrieb von Werkzeugmaschinen. Ind. Anzeiger 1954 Nr. 54, 849 (157).

[17] JAEKEL, K.: Bestimmung der Zähnezahlen in geometrisch gestuften Zahnradgetrieben. Ind. Anzeiger 1954, Nr. 45, 681 (131).

(Fortsetzung 4. Umschlagseite)